流淌着曼彻斯特血脉的

初等数论经典例题

Classic problems in elementary number theory with the sophistication of Manchester style

柯召 孙琦 曹珍富 编著

哈尔滨工业大学出版社
HARBIN INSTITUTE OF TECHNOLOGY PRESS

内 容 简 介

本书选编了 162 道初等数论题目和它们的解答,并在后面列出了所需要的定义和定理.通过这些题目和解答,能增强解决数学问题的能力.

本书可以作为中学教师、中学生的读物,也可供广大数学爱好者阅读.

图书在版编目(CIP)数据

流淌着曼彻斯特血脉的初等数论经典例题/柯召,孙琦,曹珍富编著. —哈尔滨:哈尔滨工业大学出版社,2022.12

ISBN 978 - 7 - 5767 - 0470 - 9

Ⅰ.①流… Ⅱ.①柯… ②孙… ③曹… Ⅲ.①初等数论—题解 Ⅳ.①O156.1 - 44

中国版本图书馆 CIP 数据核字(2022)第 241170 号

LIUTANGZHE MANCHESITE XUEMAI DE CHUDENG
SHULUN JINGDIAN LITI

策划编辑　刘培杰　张永芹
责任编辑　刘春雷　康沛嘉
封面设计　孙茵艾
出版发行　哈尔滨工业大学出版社
社　　址　哈尔滨市南岗区复华四道街 10 号　邮编 150006
传　　真　0451-86414749
网　　址　http://hitpress.hit.edu.cn
印　　刷　黑龙江艺德印刷有限责任公司
开　　本　787 mm×960 mm　1/16　印张 15.5　字数 155 千字
版　　次　2022 年 12 月第 1 版　2022 年 12 月第 1 次印刷
书　　号　ISBN 978 - 7 - 5767 - 0470 - 9
定　　价　138.00 元

⊙ 前 言

今年是柯召先生逝世二十周年、孙琦先生逝世两周年的年份.

我回顾与两位先生相识的点点滴滴后,深深地了解了两位先生的一个共同遗愿,而今年便是了却两位先生这个遗愿最好的时机.

这要从曼彻斯特数论学派谈起.

(一)

20 世纪二三十年代,英国的曼彻斯特大学(The University of Manchester)已形成了以"丢番图(Diophantus)之王"莫德尔(L. J. Mordell)为首的曼彻斯特数论学派,活跃于世界数学研究的前沿,因而其数学研究中心在国际上享誉盛名,汇集了很多优秀的年轻学者.

1935 年柯召投师于莫德尔时,莫德尔领导的数学研究中心已经吸引了众多的国外学者来讲学或进行合作研究,

1

而在莫德尔这里从事博士后研究工作4年、完全覆盖柯召在莫德尔身边3年的爱尔特希(P. Erdös)成为柯召在曼彻斯特最好的朋友和合作者,尤其是爱尔特希每有丢番图方程问题时,第一个请教的人就是柯召.除了爱尔特希、柯召,当时莫德尔旗下还汇集了包括达文波特(H. Davenport)、马勒(K. Mahler)、拉多(R. Rado)等数论新秀.

据《柯召传》(白苏华著,科学出版社,2010年,第32页)描述:

> "莫德尔与这批数论新秀形成了颇具特色的曼彻斯特数论学派,他们治学风格独具特色,其精髓在于:做学问精益求精,追求完美;尽可能使用基础的数学工具;不仅追求漂亮的结果,也追求高超的技巧和优美的证明."

这个描述就算是曼彻斯特数论学派的定义,在国际学术界影响很大.

(二)

1984年上半年,我作为四川大学进修教师跟随柯召先生和孙琦先生(联系导师)学习数论专业研究生课程和从事相关的研究工作.一天下午,孙先生约我在数学系阅览室去拜见柯先生.柯先生当时担任四川大学的校长,又是我国首批中科院学部委员(院士),是我仰慕之人,所以我的心里不免有点紧张.但等柯先生坐下后,与我聊了起来,我忐忑的心情一下子就放松了许多.

柯先生问我:"之前做过什么研究工作?"近四五年来我确实已经做过十几项研究工作,但我想了想,只介绍了其中两项:

一项是我于 1981 年首次提出求解佩尔(Pell)方程组 $x^2+1=2y^2, x^2-1=2Dz^2$ 的问题,该问题一方面是解决佩尔序列平方数问题的需要,另一方面是它本身的魅力. 我获得了参数 D 在不超过 5 个素因子的条件下该佩尔方程组的全部正整数解的结果,同时简单地介绍了证明方法. 柯先生一听到这个结果及其证明就很高兴,因为问题与结果、使用的数学工具等都具有曼彻斯特数论学派的风格.但我告诉柯先生,此结果写成论文后投稿辗转一年多,遭遇退稿.后来投稿武汉大学《数学杂志》,终于发表于 1983 年第 3 期该杂志上. 谁知,柯先生对这种情况颇为熟悉,并勉励我说:就要有这种百折不饶的精神.

正是这个佩尔方程组的解,在 1996 年被美国 Emory 大学 Ken Ono 教授发现,对椭圆曲线研究有重要应用. 因此,Ono 教授在国际著名期刊《算术学报》(*Acta Arithmetica*)第 65 卷上给出了该佩尔方程组解的一个判定定理. 加拿大学者 Gary Walsh 教授不满意 Ono 的结果,在相同刊物第 87 卷上给出该佩尔方程组参数 D 不超过 4 个素因子条件下的全部正整数解. Walsh 的这一结果被 Ono 评论为"the nice result",但这显然是我 16 年前那个结果的一个特例.

另一项研究工作是求解丢番图方程 $x^{2n}-Dy^2=1$. 一次,我在旧书堆里居然发现了 1953 年中国科学院出版的《科学译丛》(数学:第 4 册)系列,由苏联著名数学家盖利芳特（A. O. Gelfond）为《三十年来的苏联数学（1917—1947）》撰写的《数论》小册子（越民义译）. 在这本小册子的第 10 页, 提到了塔塔可夫斯基（Tartakowski）对于丢番图方程 $x^{2n} - Dy^{2n} = 1$ 的研究情况. 这使我突然意识到, 研究丢番图方程 $x^{2n} - Dy^2 = 1$ 和 $x^2 - Dy^{2n} = 1$ 都应该是一件很有意义的事情.

我在与塔塔可夫斯基相同假设下完全解决了丢番图方程 $x^{2n} - Dy^2 = 1$ 的求解问题, 并且作为推论解决了 1939 年爱尔特希关于二项式系数猜想的偶指数情形. 而且证明方法的主要部分使用了柯先生在研究卡塔兰（Catalan）猜想的过程中创造的"柯氏方法".

这个结果更令柯先生感兴趣, 而且柯先生说, 他最早就想解决爱尔特希猜想偶指数情形, 但四十多年过去了都没有成功. 所以, 柯先生对孙先生说："你们组织评审一下, 如果证明正确, 帮助他尽快发表."

这使我对柯先生十分感激! 而孙先生第二天就找我去讲了一遍我的证明, 然后又安排我在他主持的讨论班上详细讲了我的结果和证明. 这个讨论班主要由万大庆等七八位研究生和四位进修教师组成, 老师除了孙先生, 还有郑德勋、沈仲琦、张明志等. 这样, 我的结果和证明便得到了集体的检验.

接下来, 孙先生开始想方设法让我的这个工作尽快发表. 他说："我们建议你可以先在《数学汇刊》的创刊号上发表一下".《数学汇刊》是当时四川省创办的一个内部刊物, 为了抢得先机, 我欣然接受. 所以, 1984 年上述有关的研究工作就已发表在《数学汇刊》上了. 同时, 孙先生还推荐我在 1984 年 7 月于中国科技大学举行的全国数论学术会议上作了报告. 期间, 我将主要

4

结果写成"研究通讯"的形式,投给当时代表我国科技水平的《科学通报》,而关于丢番图方程 $x^{2n}-Dy^2=1$ 及其相关结果的全文于 1984 年 10 月投给了《美国数学会会刊》(Proc. Amer. Math. Soc.). 后来,《科学通报》于 1985 年 3 月发表了该文的"研究通讯",《美国数学会会刊》发表全文于 1986 年第 1 期(第 98 卷)上.

果然如柯先生说的那样,我解决 1939 年爱尔特希猜想偶指数情形是非常重要的,因为当时《美国数学会会刊》编委会发来的信中有这样的评价:"It has an especially important result on binomial coefficients on page 6, one which many people have been trying to solve for some time."

后来这个结果也得到了丁石孙先生的赞扬和肯定. 那是丁先生刚刚卸任北京大学校长职位,担任中国密码学学会(筹)理事长,我是当时最年轻的理事,所以很自然地会协助丁先生多做些事情. 相熟之后,我便于 1991 年 7 月邀请丁先生访问哈尔滨工业大学(我当时的工作单位),并作学术报告,题目是"椭圆曲线算术". 当时,像丁先生这样的大学者来作学术报告,不仅有哈工大的教师和研究生参加,还有哈尔滨市其他有关高校的教师和研究生参加,而且哈工大时任校长杨士勤等领导不仅会见、招待了丁先生,还全程参加了报告会. 而出乎意料的是,丁先生的开场白没有讲别的,只介绍了我的这项工作,作为结论性的评价,他说:"他关于丢番图方程 $x^{2n}-Dy^2=1$ 和爱尔特希猜想偶指数情形的结果一定都会成为数论中的经典结果."

回到 1984 年我与柯先生初次见面的场景. 柯先生

接下来问我:"你是如何走上研究道路的?"我就介绍从1979年9月开始学习华罗庚先生《数论导引》,并不停改进华先生的描述、定理或习题的结果.后来,看到柯先生和孙先生的《初等数论100例》《谈谈不定方程》,我如获至宝,废寝忘食地尽快学完,并且介绍了用对待《数论导引》的学习方法试图去改进《初等数论100例》很难,所以我评价说:"这100例每个题都近乎完美,结果干净简洁,证明技巧性强."

柯先生笑了,他说:"这都体现了曼彻斯特数论学派的风格."说完,他转头对孙先生说:"100例还太少,你们以后要在教学和科研实践中,再提出更多个这样的例题充实这本书."孙先生和我都点头说:"好的."

(三)

2010年9月,我邀请孙先生来上海交通大学访问一周.孙先生作了两个报告,与学生们多次进行了座谈和交流.其中讲得最多的是,他的老师柯先生与国际数论大师莫德尔、爱尔特希等的逸闻趣事,以及曼彻斯特数论学派踏实谦虚的优良传统与优美简约的证明风格.

其实,孙先生此行还有一件非常重要的事情.他来沪前就与我电话沟通过:他希望由我们共同来完成柯先生的遗愿(柯先生2002年11月8日逝世),扩展100例.他希望此次来上海就开始启动扩展计划,这样便可以在2012年柯先生逝世10周年时作为纪念和献礼出版《流淌着曼彻斯特血脉的初等数论经典例题》(作者:柯召、孙琦、曹珍富).

此后的一年多时间里,我便投入"扩展100例"计划当中.我和孙先生一起又扩展了62例.孙先生觉得,这62例与100例合在一起可以了却柯先生的遗愿了.

只是事不凑巧,柯先生的女儿柯孚久教授将重印《初等数论100例》的版权事先授予了哈工大出版社,这样,孙先生和我的62例就只能以他和我的名义在柯先生逝世10周年时单独出版,我们以此作为对柯先生的纪念.

孙先生对我说:"《流淌着曼彻斯特血脉的初等数论经典例题》(作者:柯召、孙琦、曹珍富)等柯先生逝世20周年时我们再一起出版."

今年就是柯先生逝世20周年,但出人意料的是,孙先生也于2020年9月23日仙逝了.孙先生1937年生于浙江省吴兴县,祖籍上海.1961年毕业于四川大学数学系,然后留校任教,1986年评为教授,1990年经国务院学位委员会批准为博士生导师,2000年批准为四川省学术和技术带头人,2008年评为二级教授,长期从事数论与相关分支的教学与科研工作,在丢番图方程、有限域上的算术、数论变换和公钥密码学等方面,发表学术论文百余篇,出版著作六部;多次获得省部级成果奖,以及多次应邀去国外参加国际会议和讲学;研究工作得到国家自然科学基金、高校博士点基金和国防科技重点实验室基金等多方的资助.2002年,美国加州大学Irvine分校万大庆教授获得国家自然科学基金委员会海外青年学者合作研究基金,国内合作者是孙先生.孙先生曾担任《数学学报》编委、中国数学会理事和中国密码学会理事等,共培养研究生40多名,其中20名为1991年以来招收的博士生,于1991

年和 2000 年两次被评为四川省优秀研究生指导教师.可见孙先生教学和科研成果丰厚,学术上有许多具有曼彻斯特数论学派的结果和绝妙的证明技巧.

柯先生是一代宗师,孙先生是柯先生的传人,继承和发展了柯先生的学术风格和研究领域.柯先生的"扩展 100 例"的遗愿和孙先生希望在柯先生逝世 20 周年时出版《流淌着曼彻斯特血脉的初等数论经典例题》(作者:柯召、孙琦、曹珍富)的遗愿很自然地就需要我来完成.

十分感谢柯先生的女儿柯孚久教授和孙先生的家人对我的信任!感谢哈工大出版社刘培杰先生,他积极地支持出版《流淌着曼彻斯特血脉的初等数论经典例题》一书.

谨以此书纪念我国第一代、第二代曼彻斯特数论学派的领袖柯先生和孙先生!

限于水平,书中难免有缺点和疏漏,尚祈读者指正.

曹珍富

2022 年 10 月 12 日于上海

⊙

目录

初等数论 162 例

第
1
章

1. 设 $m > 0, n > 0$，且 m 是奇数，则
$$(2^m - 1, 2^n + 1) = 1$$

证 设 $(2^m - 1, 2^n + 1) = d$，于是可设
$$2^m = dk + 1, \quad k > 0 \qquad (1)$$

和
$$2^n = dl - 1, \quad l > 0 \qquad (2)$$

式(1) 和式(2) 分别自乘 n 次和 m 次得
$$2^{nm} = (dk + 1)^n = td + 1, \quad t > 0 \qquad (3)$$

和
$$2^{nm} = (dl - 1)^m = ud - 1, \quad u > 0 \qquad (4)$$

由(3) 和(4) 得
$$(u - t)d = 2$$

故
$$d \mid 2$$

$d = 1$ 或 2，而 $2^m - 1$ 和 $2^n + 1$ 都是奇数，因此 $d = 1$.

2. 设 $(a,b) = 1, m > 0$，则数列

$$\{a + bk\}, \quad k = 0, 1, 2, \cdots$$

中存在无限多个数与 m 互素.

证 存在 m 的因数与 a 互素，例如 1 就是，用 c 表示 m 的因数中与 a 互素的所有数中的最大数，设 $(a + bc, m) = d$.

我们先证明 $d = 1$. 由 $(a,b) = 1, (a,c) = 1$ 得

$$(a, bc) = 1 \tag{1}$$

从而可证得

$$(d, a) = 1, \quad (d, bc) = 1 \tag{2}$$

因为如果 (2) 不成立，便有 $(d,a) > 1$ 或 $(d,bc) > 1$，于是 (d,a) 或 (d,bc) 有素因数，即存在一个素数 p 使 $p \mid (d,a)$ 或 $p \mid (d,bc)$. 而 $d \mid a + bc$，当 $p \mid (d,a)$ 时，由 $p \mid a, p \mid a + bc$，可得 $p \mid bc$，与 (1) 矛盾；同样，当 $p \mid (d,bc)$ 时，也将得出与 (1) 矛盾的结果. 因此，$(d,c) = 1$.

另一方面，由 $d \mid m, c \mid m(c$ 是 m 的因数) 及 $(d,c) = 1$，可得 $dc \mid m$，又从 (2) 的 $(d,a) = 1$ 和 $(a,c) = 1$，得出 $(a,cd) = 1$，由于 c 是 m 的因数中与 a 互素的数中最大的数，所以 $d = 1$(否则 $cd > c$)，即 $(a + bc, m) = 1$.

对于 $k = c + lm, l = 0, 1, \cdots$，有

$$(a + bk, m) = (a + bc + blm, m) = (a + bc, m) = 1$$

这就证明了有无穷多个 k 使 $(a + bk, m) = 1$.

3. 设 $m > 0, n > 0$，则和

$$S = \frac{1}{m} + \frac{1}{m + 1} + \cdots + \frac{1}{m + n}$$

不是整数.

证　可设 $m + i = 2^{\lambda_i} l_i, \lambda_i \geqslant 0, 2 \nmid l_i, i = 0, 1, \cdots,$ n，由于 n 是正整数，所以 $m, m + 1, \cdots, m + n$ 中至少有一个偶数．即至少有一个 i 使 $\lambda_i > 0$．设 λ 是 $\lambda_0,$ $\lambda_1, \cdots, \lambda_n$ 中最大的数．我们断言，不可能有 $k \neq j$ 而 $\lambda_k = \lambda_j = \lambda$．如果不是这样，可设 $0 \leqslant k < j \leqslant n, \lambda_k =$ $\lambda_j = \lambda, m + k = 2^{\lambda_k} l_k, m + j = 2^{\lambda} l_j$，因为 $m + k < m + j$，所以 $l_k < l_j$．这就使得有偶数 h 使 $l_k < h < l_j$．故在 $m +$ $k < m + j$ 之间有数 $2^{\lambda} h, 2 \mid h$．即可设 $2^{\lambda} h = m + e =$ $2^{\lambda_e} l_e > m + k = 2^{\lambda} l_k$．这时 $\lambda_e > \lambda$，与 λ 是最大有矛盾，这就证明了有唯一的一个 $k, 0 \leqslant k \leqslant n$，使 $m + k = 2^{\lambda} l_k,$ $2 \nmid l_k$．设

$$l = l_0 \cdot l_1 \cdot \cdots \cdot l_n$$

在 S 的两端乘以 $2^{\lambda-1} l$ 得

$$2^{\lambda-1} lS = \frac{N}{2} + M \tag{1}$$

其中 $\dfrac{N}{2} = 2^{\lambda-1} l \dfrac{1}{m + k} = \dfrac{2^{\lambda-1} l}{2^{\lambda} l_k}$，故 N 是一个奇数．其余各项都是整数，它们的和设为整数 M．从（1）立刻知道 S 不是整数．因为，如果 S 是整数，则由（1）可得

$$2^{\lambda} lS - 2M = N \tag{2}$$

（2）的左端是偶数，右端是奇数，这是不可能的．

4. 设 $m > n \geqslant 1, a_1 < a_2 < \cdots < a_s$ 是不超过 m 且与 n 互素的全部正整数，记

$$S_m^n = \frac{1}{a_1} + \frac{1}{a_2} + \cdots + \frac{1}{a_s}$$

则 S_m^n 不是整数.

证 由于 $(1,n)=1$，所以 $a_1=1$．又因已知 $m>n\geqslant 1$，且 $(n+1,n)=1$，故 $s\geqslant 2$．a_2 必是素数，因如果 a_2 是复合数，则有素数 $p,p\mid a_2$ 且 $1<p<a_2$，$(p,n)=1$，这不可能．设 a_2^k 是不超过 m 的 a_2 的最高幂，即 $a_2^k\leqslant m<a_2^{k+1},k\geqslant 1$．由 $(a_2^k,n)=1$ 知，存在某个 $t,2\leqslant t\leqslant s$，使 $a_t=a_2^k$，如果 $a_1,a_2,\cdots,a_s$ 中另一个 a_j 被 a_2^k 整除，可设 $a_j=a_2^kc,t<j\leqslant s,m>c>1$，而 $(c,n)=1$，故 $c\geqslant a_2$，这就得到 $a_j=a_2^kc\geqslant a_2^{k+1}>m$，与 $a_j\leqslant m$ 矛盾．现设 $a_i=a_2^{\lambda_i}l_i,a_2\nmid l_i,\lambda_i\geqslant 0,i=1,2,\cdots,s,l=l_1l_2\cdots l_s$，乘 S_m^n 两端以 $a_2^{k-1}l$ 得

$$a_2^{k-1}lS_m^n=\frac{l}{a_2}+M \qquad (1)$$

其中 $\dfrac{l}{a_2}$ 一项是由 $\dfrac{a_2^{k-1}l}{a_t}=\dfrac{a_2^{k-1}l}{a_2^k}$ 一项得来，其余各项都是整数，其和设为 M，由（1）知 S_m^n 不是整数，如果 S_m^n 是整数，由（1）得

$$a_2^klS_m^n-a_2M=l \qquad (2)$$

（2）的左端是 a_2 的倍数，与 $a_2\nmid l$ 矛盾．

注 由此题可立即推得 $S=1+\dfrac{1}{3}+\dfrac{1}{5}+\cdots+\dfrac{1}{2u-1}(u>1)$ 不是整数，以及 $S=1+\dfrac{1}{2}+\dfrac{1}{4}+\dfrac{1}{5}+\cdots+\dfrac{1}{3u+1}+\dfrac{1}{3u+2}(u\geqslant 0)$ 不是整数．

5. 设 $1\leqslant a\leqslant n$，则存在 $k(1\leqslant k\leqslant a)$ 个正整数 $x_1<x_2<\cdots<x_k$，使得

$$\frac{a}{n}=\frac{1}{x_1}+\frac{1}{x_2}+\cdots+\frac{1}{x_k} \qquad (1)$$

证   设 x_1 是最小的正整数使得

$$\frac{1}{x_1} \leqslant \frac{a}{n}$$

如果 $\frac{a}{n} = \frac{1}{x_1}$,则(1)已求得;如果 $\frac{a}{n} \neq \frac{1}{x_1}$,则 $x_1 > 1$,令

$$\frac{a}{n} - \frac{1}{x_1} = \frac{ax_1 - n}{nx_1} = \frac{a_1}{nx_1}$$

其中 $ax_1 - n = a_1 > 0$,由于 x_1 的最小性,有 $\frac{1}{x_1 - 1} >$

$\frac{a}{n}$,故 $ax_1 - n < a$,即 $a_1 < a$. 再设 x_2 是最小的正整数

使得

$$\frac{1}{x_2} \leqslant \frac{a_1}{nx_1}$$

如果 $\frac{1}{x_2} = \frac{a_1}{nx_1}$,则(1)已求得;如果 $\frac{a_1}{nx_1} \neq \frac{1}{x_2}$,则 $x_2 > 1$,

令

$$\frac{a_1}{nx_1} - \frac{1}{x_2} = \frac{a_1 x_2 - nx_1}{nx_1 x_2} = \frac{a_2}{nx_1 x_2}$$

其中 $a_1 x_2 - nx_1 = a_2 > 0$,由于 $\frac{1}{x_2 - 1} > \frac{a_1}{nx_1}$,故 $a_2 <$

$a_1 < a$. 如此继续下去,可得 $a > a_1 > a_2 > \cdots > a_k =$
0,而 $1 \leqslant k \leqslant a$,且存在 k 个正整数 $x_1 < x_2 < \cdots < x_k$,
使得(1)成立.

注   当 $0 < a < n$,$(a,n) = 1$,n 为奇数时,要求
$x_1,x_2,\cdots,x_k$ 全为奇数,(1)是否存在?

6. 设 $(a,b) = 1$,$a + b \neq 0$,且 p 是一个奇素数,则

$$\left(a + b, \frac{a^p + b^p}{a + b}\right) = 1 \text{ 或 } p$$

证　　设 $(a + b, \dfrac{a^p + b^p}{a + b}) = d$，则 $a + b = dt$，

$\dfrac{a^p + b^p}{a + b} = ds$，于是

$$d^2 st = a^p + b^p = a^p + (dt - a)^p =$$
$$d^p t^p - pad^{p-1} t^{p-1} + \cdots + pdta^{p-1}$$

上式两端约去 dt，可得

$$ds = d^{p-1} t^{p-1} - pad^{p-2} t^{p-2} + \cdots + pa^{p-1} \qquad (1)$$

由（1）可得

$$d \mid pa^{p-1} \qquad (2)$$

我们可以证明 d, a 互素. 因为若设 $(d, a) = d_1$，如果 $d_1 > 1$，则 d_1 有素因数 $q, q \mid d_1, q \mid d, q \mid a$，而 $d \mid a + b$，故 $q \mid a + b$，推出 $q \mid b$，与 $(a, b) = 1$ 矛盾，因此 $(d, a) = 1$，从（2）推出 $d \mid p$，于是 $d = 1$ 或 p，这就证明了我们的论断.

7. 证明：

1）设 α 是有理数，b 是最小的正整数使得 $b\alpha$ 是一个整数，如 c 和 $c\alpha$ 是整数，则 $b \mid c$.

2）设 p 是素数，$p \nmid a, b$ 是最小的正整数使 $\dfrac{ba}{p}$ 是一个整数，则 $b = p$.

证　　由带余除法

$$c = bq + r, \quad 0 \leqslant r < b$$

故

$$r\alpha = (c - bq)\alpha = c\alpha - bq\alpha$$

是一个整数. 如果 $r \neq 0$，与 b 的选择矛盾，故 $r = 0$，即 $b \mid c$，这就证明了1）.

由于 $p \cdot \dfrac{a}{p}$ 也是一个整数,由结果 1)知 $b \mid p$,故 $b = p$ 或 1,由于 $p \nmid a$,故 $\dfrac{a}{p}$ 不是整数,所以 $b \neq 1$,于是推得 $b = p$,这就证明了 2).

注　利用此题的结果可证整数的唯一分解定理.

8. 设 $a > 0, b > 0$,且 $a > b$,利用辗转相除法求 (a, b) 时所进行的除法次数为 k,b 在十进制中的位数是 l,则
$$k \leqslant 5l$$

证　考察斐波那契数列 $\{u_n\}$:
$$u_1 = 1, \quad u_2 = 1, \quad u_{n+2} = u_{n+1} + u_n, \quad n = 1, 2, \cdots$$
$$\tag{1}$$

首先证明数列(1)的一个性质:
$$u_{n+5} > 10u_n, \quad n \geqslant 2 \tag{2}$$
当 $n = 2$ 时,$u_2 = 1$,$u_7 = 13$,故(2)成立. 设 $n \geqslant 3$,有
$$u_{n+5} = u_{n+4} + u_{n+3} = 2u_{n+3} + u_{n+2} = 3u_{n+2} + 2u_{n+1} =$$
$$5u_{n+1} + 3u_n = 8u_n + 5u_{n-1}$$
因为
$$u_n = u_{n-1} + u_{n-2} \leqslant 2u_{n-1}$$
故
$$2u_n \leqslant 4u_{n-1}$$
这样
$$u_{n+5} = 8u_n + 5u_{n-1} > 8u_n + 4u_{n-1} \geqslant 10u_n$$
由(2)可得
$$u_{n+5t} > 10^t u_n, \quad n = 2, 3, \cdots \quad t = 1, 2, \cdots \tag{3}$$
现设 $a = n_0, b = n_1$,用辗转相除法得

$$\begin{cases} n_0 = q_1 n_1 + n_2, & 0 < n_2 < n_1 \\ n_1 = q_2 n_2 + n_3, & 0 < n_3 < n_2 \\ \quad \vdots & \qquad \vdots \\ n_{k-2} = q_{k-1} n_{k-1} + n_k, & 0 < n_k < n_{k-1} \\ n_{k-1} = q_k n_k \end{cases} \quad (4)$$

因为 $q_k \geqslant 2$，故由（4）得

$$n_{k-1} = q_k n_k \geqslant 2 n_k \geqslant 2 = u_3$$
$$n_{k-2} \geqslant n_{k-1} + n_k \geqslant u_3 + u_2 = u_4$$
$$n_{k-3} \geqslant n_{k-2} + n_{k-1} \geqslant u_3 + u_4 = u_5$$
$$\vdots$$
$$n_1 \geqslant n_2 + n_3 \geqslant u_k + u_{k-1} = u_{k+1}$$

如果 $k > 5l$ 即 $k \geqslant 5l + 1$，则 $n_1 \geqslant u_{k+1} \geqslant u_{5l+2}$，由（3）得

$$n_1 \geqslant u_{5l+2} > 10^l u_2 = 10^l \qquad (5)$$

因为 n_1 的位数是 l，故（5）不能成立，这就证明了 $k \leqslant 5l$.

注 存在正整数 a 和 b 使 $k = 5l$. 例如 $a = 144$，$b = 89$，有

$$144 = 89 + 55$$
$$89 = 55 + 34$$
$$55 = 34 + 21$$
$$34 = 21 + 13$$
$$21 = 13 + 8$$
$$13 = 8 + 5$$
$$8 = 5 + 3$$
$$5 = 3 + 2$$
$$3 = 2 + 1$$
$$2 = 2$$

以上作了 10 次除法, 而 b 是两位数, 故 $k = 5l$.

9. 设 p_s 表示全部由 1 组成的 s 位(十进制) 数, 如果 p_s 是一个素数, 则 s 也是一个素数.

　　证　用反证法. 如果 $s = ab, 1 < a < s$, 则

$$p_s = 1 + 10 + \cdots + 10^{s-1} = \frac{10^s - 1}{9} = \frac{10^{ab} - 1}{9}$$

因为 $10^a - 1 \mid 10^{ab} - 1$, 故 $\dfrac{10^a - 1}{9} \left| \dfrac{10^{ab} - 1}{9} \right. = p_s$, 而

$$1 < \frac{10^a - 1}{9} < p_s$$

这与 p_s 是素数矛盾.

　　注　这个结论反过来不真. 如 $p_3 = 111 = 3 \cdot 37$, $p_5 = 11\,111 = 41 \cdot 271$, 等等. 但是, 也存在 p_s 是素数, 如 $p_2, p_{19}, p_{23}, p_{317}$ 都是素数, 这是迄今所知道的这种素数的全部, 而且 p_{317} 是在发现 p_{23} 几乎 50 年后, 在 1978 年才用电子计算机算出来的. 猜测下一个这样的素数很可能是 $p_{1\,031}$, 但该猜测尚未得到证明. 至于回答是否有无穷多个 p_s 为素数的问题, 是非常困难的. 在这里, 我们还可以提出下面这样的问题. 我们看到 83 的数位上的数字之和 $8 + 3 = 11$ 是一个素数, 那么是否有无限多个素数, 这些素数数位上的数字之和还是素数? 看来这也是一个非常困难的问题.

　　10. 设 $n > 1, m = 2^{n-1}(2^n - 1)$, 证明: 任何一个 k $(1 \leqslant k \leqslant m)$ 都可以表示成 m 的(部分或全部) 不同因数的和.

　　证　当 $1 \leqslant k \leqslant 2^n - 1$ 时, 由于

$$a_0 + a_1 \cdot 2 + \cdots + a_{n-1} \cdot 2^{n-1}$$

$$a_i = 0 \text{ 或 } 1, \quad i = 0, 1, \cdots, n-1$$

正好给出了 $0, 1, 2, \cdots, 2^n - 1$,所以此时 k 是 2^{n-1} 的不同因数 $1, 2, \cdots, 2^{n-1}$ 的部分或全部的和.

再设 $2^n - 1 < k \leqslant m$,有

$$k = (2^n - 1)t + r, \quad 0 \leqslant r < 2^n - 1, \quad t \leqslant 2^{n-1} \tag{1}$$

由于 r 和 t 都是 $1, 2, \cdots, 2^{n-1}$ 中一些数的和,可设

$$t = t_1 + t_2 + \cdots + t_u, \quad 1 \leqslant t_1 < t_2 < \cdots < t_u \leqslant 2^{n-1}$$

$$r = r_1 + r_2 + \cdots + r_v, \quad 1 \leqslant r_1 < r_2 < \cdots < r_v \leqslant 2^{n-1}$$

代入(1)得

$$k = (2^n - 1)t_1 + (2^n - 1)t_2 \cdots + (2^n - 1)t_u + r_1 + r_2 + \cdots + r_v \tag{2}$$

$(2^n - 1)t_j \mid m, j = 1, 2, \cdots, u$,因为 $n > 1$,所以 $(2^n - 1)t_j \geqslant 2^n - 1 > 2^{n-1}$,(2)表明 k 表示成了 m 的部分或全部不同因数的和.

11. 设 $k \geqslant 2$,且当 $j = 1, 2, \cdots, [\sqrt[k]{n}]$ 时,都有 $j \mid n$,则

$$n < p_{2k}^k \tag{1}$$

这里 p_{2k} 表示第 $2k$ 个素数.

证 设 $1, 2, \cdots, [\sqrt[k]{n}]$ 的最小公倍数为 m,则可设

$$m = p_1^{m_1} p_2^{m_2} \cdots p_l^{m_l}$$

其中 $p_1, p_2, \cdots, p_l$ 是 $1, 2, \cdots, [\sqrt[k]{n}]$ 中出现的素数,则显然有

$$p_l \leqslant \sqrt[k]{n} < p_{l+1}, \quad p_\lambda^{m_\lambda} \leqslant \sqrt[k]{n} < p_\lambda^{m_\lambda + 1}$$

$$m_\lambda \geqslant 1, \quad \lambda = 1, 2, \cdots, l$$

因为 n 是 $1, 2, \cdots, [\sqrt[k]{n}]$ 这些数的一个公倍数,所以

10

$m \le n$. 而 $\sqrt[k]{n} < p_\lambda^{m_\lambda + 1} \le p_\lambda^{2m_\lambda}, \lambda = 1, 2, \cdots, l$. 把这 l 个式子相乘,得

$$(\sqrt[k]{n})^l < m^2 \le n^2 \qquad (2)$$

观察式(2) 中的指数得出 $\dfrac{l}{k} < 2$,即得 $p_l < p_{2k}, p_{2k} \ge p_{l+1}$,故

$$\sqrt[k]{n} < p_{l+1} \le p_{2k}$$

这就证明了式(1).

12. 设 $n > 0, a \ge 2$,则 n^a 能够表示成 n 个连续的奇数的和.

　　证　如果 n 是偶数,则

$$\begin{aligned}
n^a = nn^{a-1} &= (n^{a-1} - n + 1) + (n^{a-1} - n + 3) + \cdots + \\
&\quad (n^{a-1} - 3) + (n^{a-1} - 1) + (n^{a-1} + n - 1) + \\
&\quad (n^{a-1} + n - 3) + \cdots + (n^{a-1} + 3) + (n^{a-1} + 1)
\end{aligned}$$

右端是 n 个连续的奇数的和.

　　如果 n 是奇数,则

$$\begin{aligned}
n^a = n^{a-1} &+ (n^{a-1} + 2) + (n^{a-1} + 4) + \cdots + \\
&(n^{a-1} + n - 1) + (n^{a-1} - 2) + \\
&(n^{a-1} - 4) + \cdots + (n^{a-1} - n + 1)
\end{aligned}$$

右端仍是 n 个连续的奇数的和.

13. 证明不定方程

$$x^{2n+1} = 2^r \pm 1 \qquad (1)$$

在 $x > 1$ 时,x, n, r 无正整数解.

　　证　如(1) 有正整数解 x, n, r,由(1) 可得

$$x^{2n+1} \pm 1 = (x \pm 1)(x^{2n} \mp x^{2n-1} + \cdots \mp x + 1) = 2^r \qquad (2)$$

在 $x > 1$ 时,易证 $x^{2n} \mp x^{2n-1} + \cdots \mp x + 1$ 大于 1 且为奇数,故存在奇因数 p,满足

$$p \mid x^{2n} \mp x^{2n-1} + \cdots \mp x + 1$$

而(2)的右端为 2^r,于是(2)不能成立.

14. 证明不定方程

$$x^3 + y^3 + z^3 = x + y + z = 3 \tag{1}$$

仅有四组整数解 $(x,y,z) = (1,1,1)$,$(-5,4,4)$,$(4,-5,4)$,$(4,4,-5)$.

证 （1）可写为

$$\begin{cases} x^3 + y^3 + z^3 = 3 & (2) \\ z = 3 - (x+y) & (3) \end{cases}$$

把(3)代入(2)可得

$$8 - 9x - 9y + 3x^2 + 6xy + 3y^2 - x^2 y - xy^2 = 0$$

上式可因式分解为

$$8 - 3x(3-x) - 3y(3-x) +$$
$$xy(3-x) + y^2(3-x) = 0$$

故对该方程的解 x 必有

$$3 - x \mid 8$$

故 $3-x$ 只可能为 ± 1,± 2,± 4,± 8,即 x 可能为 -5,$-1,1,2,4,5,7,11$.设 $x = -5$,代入(2)和(3)可得

$$y^3 + z^3 = 128, \quad y + z = 8 \tag{4}$$

由(4)可解出(1)的一组解 $(-5,4,4)$,用同样的方法,设 $x = -1,1,2,4,5,7,11$,可得(1)的另三组解 $(1,1,1)$,$(4,-5,4)$,$(4,4,-5)$.

15. 证明:对于 $\leqslant 2n$ 的任意 $n+1$ 个正整数中,至少有一个被另一个所整除.

12

证　设
$$1 \leqslant a_1 < a_2 < \cdots < a_{n+1} \leqslant 2n$$
写
$$a_i = 2^{\lambda_i} b_i, \quad \lambda_i \geqslant 0, \quad 2 \nmid b_i, \quad i = 1, 2, \cdots, n+1$$
其中 $b_i < 2n$，因为在 $1, 2, \cdots, 2n$ 中只有 n 个不同的奇数 $1, 3, \cdots, 2n-1$，所以在 $b_1, b_2, \cdots, b_{n+1}$ 中至少有两个相同，设
$$b_i = b_j, \quad 1 \leqslant i < j \leqslant n+1$$
于是在 $a_i = 2^{\lambda_i} b_i$ 和 $a_j = 2^{\lambda_j} b_j$ 中，由 $a_i < a_j$ 知 $\lambda_i < \lambda_j$，故
$$a_i \mid a_j$$

16. 设 n 个整数
$$1 \leqslant a_1 < a_2 < \cdots < a_n \leqslant 2n$$
中任意两个整数 a_i, a_j 的最小公倍数 $[a_i, a_j] > 2n$，则 $a_1 > \left[\dfrac{2n}{3}\right]$.

证　用反证法. 如果 $a_1 \leqslant \left[\dfrac{2n}{3}\right] \leqslant \dfrac{2n}{3}$，则 $3a_1 \leqslant 2n$. 由上题，在 $\leqslant 2n$ 的 $n+1$ 个数
$$2a_1, 3a_1, a_2, \cdots, a_n$$
中，如果 $2a_1, 3a_1$ 不与 $a_2, \cdots, a_n$ 中的任一个相等，则至少有一个数除尽另一个，由于 $2a_1 \nmid 3a_1, 3a_1 \nmid 2a_1$，故可设
$$2a_1 \mid a_j, \quad 2 \leqslant j \leqslant n \tag{1}$$
或
$$3a_1 \mid a_j, \quad 2 \leqslant j \leqslant n \tag{2}$$
或

$$a_j \mid 2a_1, \quad 2 \leqslant j \leqslant n \qquad (3)$$

或

$$a_j \mid 3a_1, \quad 2 \leqslant j \leqslant n \qquad (4)$$

或

$$a_i \mid a_j, \quad 2 \leqslant i < j \leqslant n \qquad (5)$$

若 $2a_1$ 或 $3a_1$ 和某一 a_j 相等，则可归为（1）或（2）.

由（1）得 $[a_1, a_j] \leqslant [2a_1, a_j] = a_j \leqslant 2n$，由（2）得 $[a_1, a_j] \leqslant [3a_1, a_j] = a_j \leqslant 2n$，由（3）得 $[a_1, a_j] \leqslant [2a_1, a_j] = 2a_1 \leqslant 2n$，由（4）得 $[a_1, a_j] \leqslant [3a_1, a_j] = 3a_1 \leqslant 2n$，由（5）得 $[a_i, a_j] = a_j \leqslant 2n$，都与 $[a_i, a_j] > 2n$ 矛盾，故 $a_1 > \left[\dfrac{2n}{3}\right]$.

17. 设 k 个整数

$$1 \leqslant a_1 < a_2 < \cdots < a_k \leqslant n$$

中，任意两个数 a_i, a_j 的最小公倍数 $[a_i, a_j] > n$，则

$$\sum_{i=1}^{k} \frac{1}{a_i} < \frac{3}{2}$$

证 首先证明

$$k \leqslant \left[\frac{n+1}{2}\right] \qquad (1)$$

如果（1）不成立，则 $k > \left[\dfrac{n+1}{2}\right]$. 当 $n = 2t$ 时，$k > \left[\dfrac{n+1}{2}\right] = \left[\dfrac{2t+1}{2}\right] = t$，用 15 题的结果知，存在某一对 $i, j, 1 \leqslant i < j \leqslant k$，有 $a_i \mid a_j$，而 $[a_i, a_j] = a_j \leqslant n$，与题设 $[a_i, a_j] > n$ 不符. 当 $n = 2t + 1$ 时，$k > \left[\dfrac{n+1}{2}\right] = \left[\dfrac{2t+2}{2}\right] = t + 1$，因为 $1, 2, \cdots, n = 2t + 1$ 中只有 $t + 1$

个奇数,因而其中的 k 个数 $a_1, a_2, \cdots, a_k$ 中仍有某一对 $i, j, 1 \le i < j \le k$,使得 $a_i \mid a_j$,这就证明了式(1)成立.

另一方面,在下列全部数中:

$$
\begin{cases}
ba_1, & b = 1, 2, \cdots, \left[\dfrac{n}{a_1}\right] \\[2ex]
ba_2, & b = 1, 2, \cdots, \left[\dfrac{n}{a_2}\right] \\[2ex]
\vdots & \\[1ex]
ba_k, & b = 1, 2, \cdots, \left[\dfrac{n}{a_k}\right]
\end{cases}
\tag{2}
$$

没有两个相等. 因为如果(2)中的数有两个是相等的,可设

$$
b'a_i = b''a_i, \quad 1 \le b' < b'' \le \left[\frac{n}{a_i}\right], \quad 1 \le i \le k
\tag{3}
$$

或

$$
b'a_i = b''a_j, \quad 1 \le b' \le \left[\frac{n}{a_i}\right]
$$

$$
1 \le b'' \le \left[\frac{n}{a_j}\right], \quad 1 \le i < j \le k
\tag{4}
$$

显然式(3)不可能成立. 由(4)得

$$
[a_i, a_j] \le [a_i, b''a_j] = [a_i, b'a_i] = b'a_i \le n
$$

与题设不符,故式(4)也不能成立.

易知 $a_1 \ne 1$,否则 $[a_1, a_2] = [1, a_2] = a_2 \le n$,与题设不符,因此(2)中的数都不是1,而(2)中每个数 $\le n$,且无两个相等,所以(2)中总共有 $\le n - 1$ 个数,即得

$$
\sum_{i=1}^{k} \left[\frac{n}{a_i}\right] \le n - 1
$$

于是

$$\sum_{i=1}^{k} \frac{n}{a_i} - k < \sum_{i=1}^{k} \left[\frac{n}{a_i}\right] \leqslant n - 1$$

即

$$\sum_{i=1}^{k} \frac{n}{a_i} < n - 1 + k$$

再由(1)得

$$\sum_{i=1}^{k} \frac{n}{a_i} < n - 1 + k \leqslant$$

$$n - 1 + \left[\frac{n+1}{2}\right] \leqslant$$

$$n - 1 + \frac{n+1}{2} =$$

$$\frac{3n-1}{2} < \frac{3n}{2}$$

故

$$\sum_{i=1}^{k} \frac{1}{a_i} < \frac{3}{2}$$

18. 设 $k > \left[\dfrac{n+1}{2}\right]$，则在 k 个整数 $1 \leqslant a_1 < a_2 < \cdots < a_k \leqslant n$ 中存在 $a_i, a_j, 1 \leqslant i < j \leqslant k$ 满足关系式

$$a_i + a_1 = a_j$$

证 $a_1, a_2, \cdots, a_k$ 是 k 个不同的正整数，$a_2 - a_1$, $a_3 - a_1, \cdots, a_k - a_1$ 是 $k-1$ 个不同的正整数. 因为 $k \geqslant \left[\dfrac{n+1}{2}\right] + 1 > \dfrac{n+1}{2}$，所以 $2k - 1 > n$，而 $2k - 1$ 个数 $a_1, \cdots, a_k, a_2 - a_1, \cdots, a_k - a_1$ 都不超过 n，因此存在 $1 \leqslant i < j \leqslant k$ 使得 $a_j - a_1 = a_i$，即 $a_j = a_1 + a_i$.

19. 任给 8 个正整数 $a_1, a_2, \cdots, a_8$ 满足 $a_1 < a_2 < \cdots < a_8 \le 16$, 则存在一个整数 k, 使得 $a_i - a_j = k$, $1 \le i \ne j \le 8$, 至少有三组解.

证 设

$$a_2 - a_1, a_3 - a_2, a_4 - a_3, \cdots, a_8 - a_7 \qquad (1)$$

中每个都 ≥ 1, 但没有三个相等, 则其中至多只有两个数相等, 那么

$$a_8 - a_1 = a_2 - a_1 + a_3 - a_2 + a_4 - a_3 + \cdots + a_8 - a_7 \ge$$
$$1 + 1 + 2 + 2 + 3 + 3 + 4 = 16$$

但是, 由于 $a_1 < a_2 < \cdots < a_8 \le 16$, 故 $a_8 - a_1 \le 15$, 这是矛盾的. 于是 (1) 中至少有 3 个数相等.

注 存在 8 个数, 例如 1, 2, 3, 4, 7, 9, 12, 16, 对于任意的整数 k, $a_i - a_j = k$ 至多只有三组解.

20. 设 k 个整数

$$1 < a_1 < a_2 < \cdots < a_k \le n$$

中, 没有一个数能整除其余各数的乘积, 则

$$k \le \pi(n)$$

其中 $\pi(n)$ 表示不超过 n 的素数的个数.

证 题设对每一 $i (1 \le i \le k)$ 有

$$a_i \nmid \prod_{\substack{1 \le j \le k \\ i \ne j}} a_j$$

对每一 a_i 来说至少有一个素数 $p_i \mid a_i$ 使得 $p_i^{\alpha_i} \parallel a_i$, $p_i^{\beta_i} \parallel \prod_{\substack{1 \le j \le k \\ i \ne j}} a_j$, 而且 $\alpha_i > \beta_i \ge 0$. 现在来证明这些 p_i 互不相等, 即

$$p_i \ne p_j, \quad 1 \le i < j \le k \qquad (1)$$

如果(1)不成立,则其中至少有两个素数相同,譬如说 $p_1 = p_2$,在 $\alpha_1 \geq \alpha_2$ 时有 $\beta_2 \geq \alpha_1$(否则与 $p_2^{\beta_2} \parallel \prod\limits_{\substack{1 \leq j \leq k \\ j \neq 2}} a_j$ 矛盾),故有 $\beta_2 \geq \alpha_1 \geq \alpha_2$;在 $\alpha_2 \geq \alpha_1$ 时同样有 $\beta_1 \geq \alpha_2 \geq \alpha_1$,都与所设 $\alpha_1 > \beta_1$,$\alpha_2 > \beta_2$ 不符,这就证明了(1)中的 k 个素数没有两个相同,而 $p_i \leq n$,$i = 1,2,\cdots$,k,故 $k \leq \pi(n)$.

21. 设 n 个整数

$$1 < a_1 < a_2 < \cdots < a_n < 2n$$

其中没有一个数能被另一个数整除,则

$$a_1 \geq 2^k$$

这里 k 满足 $3^k < 2n < 3^{k+1}$.

证 如果写

$$a_i = 2^{b_i} c_i, \quad 2 \nmid c_i, \quad b_i \geq 0, \quad i = 1,2,\cdots,n \quad (1)$$

则(1)中的 $c_i(i = 1,2,\cdots,n)$ 不能有两个相同,否则将有 $a_i \mid a_j$,$1 \leq i < j \leq n$,与假设不符. 但 $c_i \leq 2n - 1$,所以,(1)中 $c_1,c_2,\cdots,c_n$ 是 $1,3,\cdots,2n - 1$ 这 n 个数的某一个排列.

考虑(1)中 c_i 为 $1,3,3^2,\cdots,3^k$ 的那些数,记为

$$2^{\beta_i} 3^i, \quad i = 0,1,\cdots,k \quad (2)$$

因为其中没有一个数能被另一个数整除,所以 $\beta_0 > \beta_1 > \beta_2 > \cdots > \beta_{k-1} > \beta_k \geq 0$,从而 $\beta_i \geq k - i$,$i = 0,1,\cdots,k$,因此对每一 i 都有

$$2^{\beta_i} 3^i \geq 2^{k-i} 3^i \geq 2^{k-i} \cdot 2^i = 2^k$$

如果 a_1 是(2)中的一个数,则定理已经证明. 如果 a_1 不是(2)中的一个数,则 $c_1 \geq 5$. 此时可以证明仍有 $a_1 \geq 2^k$. 否则

$$a_1 = 2^{b_1}c_1 < 2^k$$

推出

$$c_1 < 2^{k-b_1}$$

由 $c_1 \geqslant 5$ 得 $k - b_1 \geqslant 3$. 因为

$$3^{b_1+1}c_1 < 3^{b_1+1}2^{k-b_1} < 3^{b_1+1}3^2 2^{k-b_1-3} \leqslant 3^k < 2n$$

所以数

$$c_1 3^{\lambda-1}, \quad \lambda = 1,2,\cdots,b_1 + 2$$

是 $c_1,c_2,\cdots,c_n$ 中的 $b_1 + 2$ 个数,其对应的 a_i 设为

$$a_{l_\lambda} = c_1 3^{\lambda-1}2^{t_\lambda}, \quad \lambda = 1,2,\cdots,b_1 + 2, \quad l_1 = 1, \quad t_1 = b_1$$

$$(3)$$

在 $t_2,t_3,\cdots,t_{b_1+2}$ 中如有一个 $\geqslant b_1 = t_1$,设为 $t_j, 2 \leqslant j \leqslant b_1 + 2$,则有 $a_1 \mid a_{l_j}$,与题设不符,故有 $0 \leqslant t_\lambda < b_1, \lambda = 2,3,\cdots,b_1 + 2$. 但是 $t_2,t_3,\cdots,t_{b_1+2}$ 是 $b_1 + 1$ 个数,故有 λ,μ 存在,$2 \leqslant \lambda < \mu \leqslant b_1 + 2$,使得 $t_\lambda = t_\mu$,此时仍有 $a_{l_\lambda} \mid a_{l_\mu}$,与题设不符,这就证明了我们的结论.

22. 证明:$504 \mid n^9 - n^3$,其中 n 是整数.

证　由于 $504 = 7 \cdot 8 \cdot 9$.

当 $n \equiv 0, \pm 1, \pm 2, \pm 3 (\bmod 7)$ 时,有

$$n^3 \equiv 0, \pm 1 \ (\bmod 7), \quad n^9 \equiv 0, \pm 1 \ (\bmod 7)$$

故

$$n^9 - n^3 \equiv 0 \ (\bmod 7) \tag{1}$$

当 $n \equiv 0, \pm 1, \pm 2, \pm 3, 4 (\bmod 8)$ 时,有

$$n^3 \equiv 0, \pm 1, \pm 3 \ (\bmod 8)$$
$$n^9 \equiv 0, \pm 1, \pm 3 \ (\bmod 8)$$

故

$$n^9 - n^3 \equiv 0 \ (\bmod 8) \tag{2}$$

当 $n \equiv 0, \pm 1, \pm 2, \pm 3, \pm 4 (\bmod 9)$ 时

$$n^3 \equiv 0, \pm 1 \pmod 9, \quad n^9 \equiv 0, \pm 1 \pmod 9$$
故

$$n^9 - n^3 \equiv 0 \pmod 9 \tag{3}$$

由（1）（2）（3）和 $(7,8) = (7,9) = (8,9) = 1$ 得出

$$504 \mid n^9 - n^3$$

23. 设 $a > 0, b > 2$，则

$$2^b - 1 \nmid 2^a + 1$$

证 由 $b > 2$，有 $2^{b-1}(2 - 1) > 2$，即

$$2^{b-1} + 1 < 2^b - 1$$

因此，如果 $a < b$，那么得出

$$2^a + 1 \leq 2^{b-1} + 1 < 2^b - 1$$

此时

$$2^b - 1 \nmid 2^a + 1$$

如果 $a = b$，由

$$2^a + 1 = 2^b - 1 + 2$$

又由 $2^b - 1 \nmid 2$，那么仍得

$$2^b - 1 \nmid 2^a + 1$$

最后，设 $a > b$ 且 $a = bq + r, 0 \leq r < b$，则有

$$\frac{2^a + 1}{2^b - 1} = \frac{2^a - 2^{a-bq}}{2^b - 1} + \frac{2^r + 1}{2^b - 1} \tag{1}$$

其中 $2^a - 2^{a-bq} = 2^{a-bq}(2^{bq} - 1)$，故 $2^b - 1 \mid 2^a - 2^{a-bq}$.
又因为 $r < b$，故 $2^b - 1 \nmid 2^r + 1$，因此由式（1）得出

$$2^b - 1 \nmid 2^a + 1$$

这就证明了我们的结论.

24. 证明不定方程

$$3 \cdot 2^x + 1 = y^2 \tag{1}$$

仅有正整数解 $(x, y) = (3, 5), (4, 7)$.

证　$x = 1$ 和 2 时，(1) 都没有正整数解，可设 $x > 2$，而 $2 \nmid y, 3 \nmid y$，且 $y \neq 1$，因此 $y = 6k \pm 1, k > 0$，代入 (1) 得

$$3 \cdot 2^x + 1 = (6k \pm 1)^2 = 36k^2 \pm 12k + 1$$

即

$$2^{x-2} = 3k^2 \pm k = k(3k \pm 1) \qquad (2)$$

当 $k = 1$ 时，得出

$$(x, y) = (3, 5), (4, 7)$$

而当 $k > 1$ 时，(2) 的右端有一个大于 1 的奇因数，而 (2) 的左端不可能有大于 1 的奇因数，这就证明了我们的结论.

25. 证明不定方程

$$x^n + 1 = y^{n+1} \qquad (1)$$

没有正整数解 $x, y, n, (x, n+1) = 1, n > 1$.

证　先设 $y > 2, y - 1$ 有素因子 p，因 $(y - 1) \mid (y^{n+1} - 1)$，故由 (1) 得 $p \mid x$，而 $(x, n+1) = 1$，故 $(p, n+1) = 1$，由 (1) 得

$$x^n = (y - 1)(y^n + y^{n-1} + \cdots + y + 1) \qquad (2)$$

由

$$y \equiv 1 \pmod{y - 1}$$

推得

$$y^n + y^{n-1} + \cdots + y + 1 \equiv n + 1 \pmod{y - 1}$$

进而推得 $p \nmid y^n + y^{n-1} + \cdots + y + 1$. 由于 p 是 $y - 1$ 的任设的一个素因子，故 $(y^n + y^{n-1} + \cdots + y + 1, y - 1) = 1$. 由 (2) 得

$$y^n + y^{n-1} + \cdots + y + 1 = u^n, \quad u \mid x, \quad u > 0 \quad (3)$$

但由于 $n > 1$ 时

$$y^n < 1 + y + \cdots + y^n < (y+1)^n$$

故(3)不能成立.

当 $y = 1$ 时,(1)没有正整数解;当 $y = 2$ 时,(1)给出

$$x^n = 2^{n+1} - 1 = 2^n + 2^{n-1} + \cdots + 2 + 1 \qquad (4)$$

而

$$2^n < 2^n + \cdots + 2 + 1 < 3^n$$

故(4)不能成立.

26. 求出不定方程

$$x^3 + y^3 + z^3 - 3xyz = 0 \qquad (1)$$

的全部整数解.

证 设 (x_1, y_1, z_1) 是(1)的一组整数解,则由(1)得

$$
\begin{aligned}
& x_1^3 + y_1^3 + z_1^3 - 3x_1 y_1 z_1 = \\
& (x_1 + y_1 + z_1)(x_1^2 + y_1^2 + z_1^2) - \\
& x_1 y_1^2 - x_1 z_1^2 - y_1 x_1^2 - y_1 z_1^2 - z_1 x_1^2 - z_1 y_1^2 - 3x_1 y_1 z_1 = \\
& (x_1 + y_1 + z_1)(x_1^2 + y_1^2 + z_1^2) - \\
& (x_1 + y_1 + z_1)(x_1 y_1 + x_1 z_1 + y_1 z_1) = \\
& (x_1 + y_1 + z_1)(x_1^2 + y_1^2 + z_1^2 - x_1 y_1 - x_1 z_1 - y_1 z_1) = 0
\end{aligned}
$$

故得

$$x_1 + y_1 + z_1 = 0 \qquad (2)$$

或

$$x_1^2 + y_1^2 + z_1^2 - x_1 y_1 - x_1 z_1 - y_1 z_1 = 0 \qquad (3)$$

由式(3)得

$$(x_1 - y_1)^2 + (x_1 - z_1)^2 + (y_1 - z_1)^2 = 0 \qquad (4)$$

即

$$x_1 = y_1 = z_1$$

反之,设

$$x = y = z = u \qquad (5)$$

或

$$x = v, \quad y = w, \quad z = -v - w \qquad (6)$$

或

$$x = v, \quad y = -v - w, \quad z = w \qquad (7)$$

或

$$x = -v - w, \quad y = v, \quad z = w \qquad (8)$$

则任给整数 u,v,w 都得出(1)的整数解(x,y,z),故(5)(6)(7)(8)给出了(1)的全部整数解.

27. 设 $n_i > 0, i = 1,2,\cdots,k$, 取 $d_1 = 1, d_i = \dfrac{(n_1,n_2,\cdots,n_{i-1})}{(n_1,n_2,\cdots,n_{i-1},n_i)}, 2 \leqslant i \leqslant k$,则 $d_1 \cdot d_2 \cdot \cdots \cdot d_k$ 个和

$$\sum_{i=1}^{k} a_i n_i, \quad a_i = 1,2,\cdots,d_i, \quad i = 1,2,\cdots,k \quad (1)$$

模 n_1 全不同余.

证　用反证法.如果结论不成立,则(1)中两个和模 n_1 同余,可设

$$\sum_{i=1}^{k} b_i n_i - \sum_{i=1}^{k} c_i n_i = n_1 u \qquad (2)$$

其中 $1 \leqslant b_i, c_i \leqslant d_i, i = 1,2,\cdots,k$. 由于是不同的两个和,可设 $c_s \neq b_s, c_j = b_j, j = s+1,\cdots,k, n_s = t(n_1,n_2,\cdots,n_s)$,于是由(2)可得

$$\sum_{i=1}^{s-1} \frac{(b_i - c_i)n_i}{(n_1,n_2,\cdots,n_s)} + (b_s - c_s)t = \frac{n_1}{(n_1,n_2,\cdots,n_s)}u \qquad (3)$$

23

由

$$\frac{n_i}{(n_1, n_2, \cdots, n_s) d_s} =$$

$$\frac{n_i}{(n_1, n_2, \cdots, n_s)} \cdot \frac{(n_1, n_2, \cdots, n_s)}{(n_1, n_2, \cdots, n_{s-1})} =$$

$$\frac{n_i}{(n_1, n_2, \cdots, n_{s-1})}$$

故当 $i = 1, 2, \cdots, s-1$ 时, $d_s \left| \dfrac{n_i}{(n_1, n_2, \cdots, n_s)} \right.$, 式(3)两

端取模 d_s 得

$$(b_s - c_s) t \equiv 0 \pmod{d_s} \tag{4}$$

由于

$$((n_1, n_2, \cdots, n_{s-1}), n_s) = (n_1, n_2, \cdots, n_{s-1}, n_s)$$

$$\frac{(n_1, n_2, \cdots, n_{s-1})}{(n_1, n_2, \cdots, n_s)} = d_s, \qquad \frac{n_s}{(n_1, n_2, \cdots, n_s)} = t$$

故 $(t, d_s) = 1$, 式(4)推出

$$d_s \mid b_s - c_s$$

这与 $0 < | b_s - c_s | < d_s$ 矛盾. 这就证明了(1)中的和模 n_1 全不同余.

28. 证明不定方程

$$(n-1)! = n^k - 1 \tag{1}$$

仅有正整数解 $(n, k) = (2, 1), (3, 1), (5, 2)$.

证 当 $n = 2$ 时, 由(1)可得出解 $(2, 1)$.

当 $n > 2$ 时, 式(1)推出 n 应是奇数. 当 $n = 3, 5$ 时, 由(1)可得出解 $(3, 1), (5, 2)$.

现设 $n > 5$ 且 n 是奇数, 故 $\dfrac{n-1}{2}$ 是整数且小于 $n -$ 3. 所以推出

$$n - 1 \mid (n - 2)!$$

再由(1)可得

$$n^k - 1 \equiv (n - 1) \cdot (n - 2)! \equiv 0 \pmod{(n-1)^2}$$

$$(2)$$

因为

$$n^k - 1 = ((n-1) + 1)^k - 1 =$$

$$(n-1)^k + \binom{k}{1}(n-1)^{k-1} + \cdots +$$

$$\binom{k}{k-2}(n-1)^2 + k \cdot (n-1) \quad (3)$$

由式(2)与式(3)得出

$$k(n-1) \equiv 0 \pmod{(n-1)^2}$$

故得

$$n - 1 \mid k$$

于是 $k \geqslant n - 1$,故

$$n^k - 1 \geqslant n^{n-1} - 1 > (n-1)!$$

这就证明了当 $n > 5$ 时,(1) 没有正整数解 (n, k).

注 此题推出 $p > 5$ 是素数时,$(p-1)! + 1$ 至少有两个不同的素因数.

29. 分子为1且分母为正整数的分数称为单位分数. 设 $m > 0, n > 0$,证明 $\dfrac{m}{n}$ 能表示成两个单位分数的和的充分必要条件是存在 $a > 0, b > 0$ 满足 $a \mid n$,$b \mid n, m \mid a + b$.

证 设 $a \mid n, b \mid n, m \mid a + b$,又设 $a + b = mk$,$n = a\alpha, n = b\beta$,这里 k, α, β 是正整数,于是有

$$\frac{km}{n} = \frac{a + b}{n} = \frac{a}{a\alpha} + \frac{b}{b\beta} = \frac{1}{\alpha} + \frac{1}{\beta}$$

故

$$\frac{m}{n} = \frac{1}{\alpha k} + \frac{1}{\beta k}$$

反过来,如果

$$\frac{m}{n} = \frac{1}{x} + \frac{1}{y} = \frac{x+y}{xy}, \quad x > 0, \quad y > 0 \quad (1)$$

设 $(x,y) = d$,$(m,n) = \delta$,则有 $x = dx_1$,$y = dy_1$,$(x_1, y_1) = 1$,$m = \delta m_1$,$n = \delta n_1$,$(m_1, n_1) = 1$,代入(1)得

$$\frac{m_1}{n_1} = \frac{x_1 + y_1}{dx_1 y_1}$$

故

$$m_1 dx_1 y_1 = n_1(x_1 + y_1) \quad (2)$$

由于 $(x_1, y_1) = 1$,故 $(x_1 y_1, x_1 + y_1) = 1$,并由(2)得

$$x_1 y_1 \mid n_1, \quad m_1 \mid x_1 + y_1 \quad (3)$$

取 $a = \delta x_1$,$b = \delta y_1$,由(3)得

$$\delta x_1 y_1 \mid n_1 \delta, \quad \delta m_1 \mid \delta x_1 + \delta y_1$$

即得 $a \mid n$,$b \mid n$,$m \mid a + b$.

30. 设 $m > 1$,证明 $\dfrac{1}{m}$ 是级数 $\displaystyle\sum_{j=1}^{\infty} \frac{1}{j(j+1)}$ 的有限个连续项的和.

证　由于

$$\frac{1}{j(j+1)} = \frac{1}{j} - \frac{1}{j+1}$$

故

$$\sum_{j=a}^{b-1} \frac{1}{j(j+1)} = \frac{1}{a} - \frac{1}{b}, \quad a < b$$

设 $a = m - 1$,$b = m(m-1)$,有

$$\frac{1}{a} - \frac{1}{b} = \frac{1}{m-1} - \frac{1}{m(m-1)} = \frac{1}{m}$$

故

$$\frac{1}{m} = \sum_{j=m-1}^{m^2-m-1} \frac{1}{j(j+1)}$$

31. 设 $k \geqslant 2$，k 个正整数组成的集 $S = \{a_1, a_2, \cdots, a_k\}$ 具有性质 $\sum_{i=1}^{k} a_i = \prod_{i=1}^{k} a_i$，又 $a_1 \leqslant a_2 \leqslant \cdots \leqslant a_k$，则

$$\sum_{i=1}^{k} a_i \leqslant 2k \tag{1}$$

证　设 $b_i = a_i - 1$，则

$$k + \sum_{i=1}^{k} b_i = \sum_{i=1}^{k} a_i = \prod_{i=1}^{k} a_i = \prod_{i=1}^{k} (b_i + 1) =$$

$$1 + \sum_{i=1}^{k} b_i + b_k \sum_{i=1}^{k-1} b_i + \cdots \geqslant$$

$$1 + \sum_{i=1}^{k} b_i + b_k \sum_{i=1}^{k-1} b_i$$

由上式得

$$k \geqslant 1 + b_k \sum_{i=1}^{k-1} b_i \tag{2}$$

由于 $k \geqslant 2$，$a_k \geqslant a_{k-1} \geqslant 2$（因为若 $a_{k-1} = 1$，则 $a_1 = a_2 = \cdots = a_{k-1} = 1$，从而 $\prod_{i=1}^{k} a_i = a_k < \sum_{i=1}^{k} a_i$），故

$$b_k \geqslant b_{k-1} \geqslant 1$$

$$(b_k - 1)(b_{k-1} - 1) = b_k b_{k-1} - b_k - b_{k-1} + 1 \geqslant 0$$

即

$$b_k b_{k-1} + 1 \geqslant b_k + b_{k-1} \tag{3}$$

由（2）和（3）推出

$$k \geqslant 1 + b_k b_{k-1} + b_k b_{k-2} + \cdots + b_k b_1 \geqslant$$

$$b_k + b_{k-1} + b_{k-2} + \cdots + b_1 = \sum_{i=1}^{k} b_i$$

因此

$$\sum_{i=1}^{k} a_i = k + \sum_{i=1}^{k} b_i \leqslant 2k$$

注 （1）中等号可以达到. 例如取 $a_1 = a_2 = \cdots = a_{k-2} = 1, a_{k-1} = 2, a_k = k, S$ 满足题目的性质,且 $\sum_{i=1}^{k} a_i = 2k$.

32. 设 p_n 表示第 n 个素数,则

$$p_n < 2^{2^n} \tag{1}$$

证 $p_1 = 2 < 4$,设 $p_i < 2^{2^i}, i = 1, 2, \cdots, k$,我们来证明

$$p_{k+1} < 2^{2^{k+1}} \tag{2}$$

令 $N = p_1 p_2 \cdots p_k + 1$,则

$$N = p_1 p_2 \cdots p_k + 1 \leqslant 2^{2+2^2+\cdots+2^k} = 2^{2^{k+1}-2} < 2^{2^{k+1}}$$

设 p 是 N 的一个素因子,则 $p \neq p_i, i = 1, 2, \cdots, k$,故有

$$p_{k+1} \leqslant p \leqslant N < 2^{2^{k+1}}$$

这就证明了(1).

33. 设 $p > 1$ 是一个素数,若当 $x = 0, 1, \cdots, p-1$ 时

$$x^2 - x + p$$

都为素数,则仅有一组整数解 a, b, c 满足

$$b^2 - 4ac = 1 - 4p, \quad 0 < a \leqslant c, \quad -a \leqslant b < a \tag{1}$$

证 $a = 1, b = -1, c = p$ 就是满足(1)的一组解. 现在来证明这是唯一的一组解.

如果 a, b, c 满足(1),则因 $b^2 \equiv 1 \pmod 4$,所以 b 是奇数. 设 $|b| = 2l - 1$,有 $0 < l = \dfrac{|b|+1}{2}$,又因

$\mid b \mid \leqslant a \leqslant c, b^2 - 4ac = 1 - 4p, p \geqslant 2$, 故
$$3a^2 = 4a^2 - a^2 \leqslant 4ac - b^2 = 4p - 1$$
所以
$$\mid b \mid \leqslant a \leqslant \sqrt{\frac{4p - 1}{3}} \qquad (2)$$
由式(2) 得
$$l = \frac{\mid b \mid + 1}{2} \leqslant \frac{1}{2}\sqrt{\frac{4p - 1}{3}} + \frac{1}{2} < \sqrt{\frac{p}{3}} + \frac{1}{2} < p$$
将 $\mid b \mid = 2l - 1$ 代入(1) 得
$$(2l - 1)^2 - 4ac = 1 - 4p$$
即得
$$l^2 - l + p = ac \qquad (3)$$
由于 $0 < l < p$，所以据已知条件 ac 是素数，故 $a = 1$. 由于 $-1 \leqslant b < 1$，故 $b = -1$，由于 $1 - 4p = 1 - 4c$，故 $c = p$.

34. 证明不定方程
$$y^2 = 1 + x + x^2 + x^3 + x^4 \qquad (1)$$
的全部整数解是 $x = -1, y = \pm 1; x = 0, y = \pm 1; x = 3, y = \pm 11$.

证　由(1) 整理可得
$$\left(x^2 + \frac{x}{2} + \frac{\sqrt{5} - 1}{4}\right)^2 = y^2 - \frac{(5 - 2\sqrt{5})}{4}\left(x + \frac{3 + \sqrt{5}}{2}\right)^2 \qquad (2)$$
和
$$\left(x^2 + \frac{x}{2} + 1\right)^2 = y^2 + \frac{5x^2}{4} \qquad (3)$$
由于 x 是整数，故 $x^2 + \frac{x}{2} + \frac{\sqrt{5} - 1}{4}$ 和 $x^2 + \frac{x}{2} + 1$ 是正

数,于是(2)和(3)给出

$$x^2 + \frac{x}{2} + \frac{\sqrt{5}-1}{4} \leqslant |y| \leqslant x^2 + \frac{x}{2} + 1$$

可设

$$|y| = x^2 + \frac{x+a}{2}, \quad 0 < a \leqslant 2$$

因为 x,y 是整数,在 $2\mid x$ 时,$a=2$,将 $|y| = x^2 + \frac{x}{2} + 1$ 代入(3)得 $x=0$,即得 $x=0,y=\pm 1$;在 $2\nmid x$ 时,$a=1$,把(3)化为

$$y^2 = \left(x^2 + \frac{x+1}{2}\right)^2 - \frac{(x-3)(x+1)}{4}$$

将 $|y| = x^2 + \frac{x+1}{2}$ 代入上式得 $x=3$ 或 $x=-1$,即得

解 $x=-1,y=\pm 1;x=3,y=\pm 11$.

35. 设 $n>0$,则存在唯一的一对 k 和 l,使得

$$n = \frac{k(k-1)}{2} + l, \quad 0 \leqslant l < k$$

证 存在 $k>0$ 使

$$\frac{k(k-1)}{2} \leqslant n < \frac{(k+1)k}{2}$$

而 $\frac{(k+1)k}{2} - \frac{k(k-1)}{2} = k$,故可设为

$$n = \frac{k(k-1)}{2} + l, \quad 0 \leqslant l < k$$

如果还有 k_1,l_1 使

$$n = \frac{k_1(k_1-1)}{2} + l_1, \quad 0 \leqslant l_1 < k_1$$

不妨设 $k > k_1$,故得

$$\frac{k(k-1)}{2} - \frac{k_1(k_1-1)}{2} = l_1 - l \qquad (2)$$

式(2)的右端 $l_1 - l < k_1$,而因 $k \geqslant k_1 + 1$,故式(2)左端

$$\frac{k(k-1)}{2} - \frac{k_1(k_1-1)}{2} \geqslant$$

$$\frac{k_1(k_1+1)}{2} - \frac{k_1(k_1-1)}{2} = k_1$$

这是一个矛盾结果,故得 $k = k_1$. 从而 $l = l_1$,这就证明了存在唯一的一对 k 和 l 满足式(1).

36. 设 $n > 0$,求 $\binom{2n}{1}, \binom{2n}{3}, \cdots, \binom{2n}{2n-1}$ 的最大公因数.

证　设它们的最大公因数为 d,因为

$$\binom{2n}{0} + \binom{2n}{1} + \binom{2n}{2} + \cdots + \binom{2n}{2n} = 2^{2n}$$

$$\binom{2n}{0} - \binom{2n}{1} + \binom{2n}{2} - \cdots + \binom{2n}{2n} = 0$$

所以

$$\binom{2n}{1} + \binom{2n}{3} + \cdots + \binom{2n}{2n-1} = 2^{2n-1}$$

故 $d \mid 2^{2n-1}$,可设 $d = 2^\lambda, \lambda \geqslant 0$. 又设 $2^k \parallel n$,我们来证明 $d = 2^{k+1}$,由于

$$2^{k+1} \parallel \binom{2n}{1}$$

所以只须证明

$$2^{k+1} \Big| \binom{2n}{j}, \quad j = 3, 5, \cdots, 2n-1 \qquad (1)$$

设 $n = 2^k l, 2 \nmid l$，由

$$\binom{2n}{j} = \binom{2^{k+1}l}{j} = \frac{2^{k+1}l}{j} \cdot \binom{2^{k+1}l-1}{j-1}$$

$$j = 3, 5, \cdots, 2n-1$$

即

$$j\binom{2n}{j} = 2^{k+1}l\binom{2^{k+1}l-1}{j-1}, \quad j = 3, 5, \cdots, 2n-1$$

因为 j 是奇数，即 $2 \nmid j$，故式（1）成立，这就证明了 $d = 2^{k+1}$.

37. 平面上点的坐标为整数的点，称为整点（或格点）. 如果有三个不同的整点 (x, y) 适合 $p \mid xy - t$（这里 p 是一个素数，$p \nmid t$），且在一直线上，则在该三点中至少有两个点，其纵横坐标的差，分别被 p 整除.

证 可设三个整点 (x_1, y_1)，(x_2, y_2)，(x_3, y_3) 所满足的直线方程为 $ax + by = c$. a, b, c 是整数，且可设 $(a, b) = 1$. 不失一般性，设 $p \nmid a$，由 $p \mid x_i y_i - t$ 和 $p \nmid t$ 知 $p \nmid x_i, i = 1, 2, 3$. 从 $ax_i + by_i = c$ 知

$$ax_i + by_i \equiv c \pmod{p}$$

并推出

$$ax_i^2 + bx_i y_i \equiv cx_i \pmod{p}, \quad i = 1, 2, 3$$

即

$$ax_i^2 - cx_i + bt \equiv 0 \pmod{p}, \quad i = 1, 2, 3 \quad (1)$$

如果 $p = 2$，则 x_1, x_2, x_3 中至少有两个设为 x_1, x_2 满足 $x_1 \equiv x_2 \pmod{p}$；如果 $p > 2$，则由 206 页 §10 知（1）最少有两个解模 p，不失一般性，仍可设 $x_1 \equiv x_2 \pmod{p}$. 因为 $(x_1 y_1 - t) - (x_2 y_2 - t) \equiv 0 \pmod{p}$，故 $x_1 y_1 \equiv x_2 y_2 \pmod{p}$，又由 $p \nmid x_1$，可得 $y_1 \equiv y_2 \pmod{p}$，这就证

明了我们的结论.

38. 证明平面上一个正三角形的三个顶点,不可能都是整点.

证　设平面上三个点 $A(x_1,y_1)$,$B(x_2,y_2)$,$C(x_3,y_3)$ 组成一个正三角形,则至少存在两个边,设为 AB 和 AC,与 x 轴的交角 α 与 β 满足 $\beta-\alpha$ 等于 AB 与 AC 的交角,即

$$\beta-\alpha=\frac{\pi}{3} \tag{1}$$

如果 x_1,y_1,x_2,y_2,x_3,y_3 都是整数且 α,β 都不是直角,则 AB 和 AC 的斜率 $\tan\alpha$ 和 $\tan\beta$ 都是有理数,故

$$\tan(\beta-\alpha)=\frac{\tan\beta-\tan\alpha}{1+\tan\beta\tan\alpha}$$

是一个有理数,而(1) 给出

$$\tan(\beta-\alpha)=\tan\frac{\pi}{3}=\sqrt{3}$$

这导致一个矛盾结果;因为 α,β 不可能都是直角,当 α 或 β 是直角时,由(1) 可得

$$\beta=\frac{5}{6}\pi \quad \text{或} \quad \alpha=\frac{\pi}{6}$$

此时,$\tan\beta=-\dfrac{\sqrt{3}}{3}$ 或 $\tan\alpha=\dfrac{\sqrt{3}}{3}$,因此,$x_1,y_1,x_2,y_2,x_3,y_3$ 仍然不可能都是整数.

39. 平面上整点 (x,y) 中如果 x,y 是互素的,则这样的整点叫既约的. 证明:任给 $n>0$,存在一个整点,它与每一个既约整点的距离大于 n.

证　设 $-n\leqslant i,j\leqslant n$,则 $p_{i,j}$ 表示 $(2n+1)^2$ 个不

同的素数,由孙子定理(209 页 §15),存在整数 a 满足一组 $(2n+1)^2$ 个同余式

$$a \equiv i \pmod{p_{i,j}}, \quad -n \leqslant i,j \leqslant n \qquad (1)$$

和整数 b 满足一组 $(2n+1)^2$ 个同余式

$$b \equiv j \pmod{p_{i,j}}, \quad -n \leqslant i,j \leqslant n \qquad (2)$$

下面我们就来验证整点 (a,b) 满足所需的性质.

任一整点 (x,y) 与 (a,b) 的距离设为 d,如果 $d \leqslant n$,则

$$d = \sqrt{(a-x)^2 + (b-y)^2} \leqslant n$$

即

$$(a-x)^2 + (b-y)^2 \leqslant n^2$$

由此推出 $|a-x| \leqslant n$,$|b-y| \leqslant n$,不妨设

$$a-x = i, \quad b-y = j, \quad -n \leqslant i,j \leqslant n$$

即

$$x = a-i, \quad y = b-j, \quad -n \leqslant i,j \leqslant n$$

由(1)和(2)知

$$p_{i,j} \mid a-i = x, \quad p_{i,j} \mid b-j = y$$

因此 (x,y) 非既约整点,这就证明了每一个既约整点与点 (a,b) 的距离大于 n.

注 在空间中,以上结论也是对的. 也就是说,任给 $n > 0$,存在一个球心为整点、半径为 n 的球,使得球内(包括球面)没有既约整点.

40. 在平面上,如果一个圆的圆心 (x,y) 的坐标 x,y 中至少有一个是无理数,则圆上至多有两个点,其坐标都是有理数.

证 设此圆的方程为

$$x^2 + y^2 + Ax + By + C = 0 \qquad (1)$$

如果圆上有三个点 $A_1(x_1, y_1), A_2(x_2, y_2), A_3(x_3, y_3)$,
$x_i, y_i (i = 1, 2, 3)$ 都是有理数,代入(1) 得

$$\begin{cases} Ax_1 + By_1 + C + x_1^2 + y_1^2 = 0 \\ Ax_2 + By_2 + C + x_2^2 + y_2^2 = 0 \\ Ax_3 + By_3 + C + x_3^2 + y_3^2 = 0 \end{cases} \quad (2)$$

因为圆上任意三个不同点不共线,所以行列式

$$\begin{vmatrix} x_1 & y_1 & 1 \\ x_2 & y_2 & 1 \\ x_3 & y_3 & 1 \end{vmatrix} \neq 0$$

故关于 A, B, C 的线性方程组(2) 有唯一解,且解 $A, B,$
C 都是有理数,但是(1) 的圆心坐标是 $\left(-\dfrac{A}{2}, -\dfrac{B}{2}\right)$,
与题设矛盾.

41. 如果 p 是一个奇素数,证明

$$1^2 \cdot 3^2 \cdot \cdots \cdot (p-2)^2 \equiv (-1)^{\frac{p+1}{2}} \pmod p$$

$$2^2 \cdot 4^2 \cdot \cdots \cdot (p-1)^2 \equiv (-1)^{\frac{p+1}{2}} \pmod p$$

证　由 206 页 §10 知

$$(p-1)! \equiv -1 \pmod p \quad (1)$$

另外

$$i \equiv -(p-i) \pmod p \quad (2)$$

当 i 取 $2, 4, \cdots, p-1$ 时,由(2) 和(1) 得

$$1^2 \cdot 3^2 \cdot \cdots \cdot (p-2)^2 \equiv (-1)^{\frac{p-1}{2}}(p-1)! \equiv$$
$$(-1)^{\frac{p+1}{2}} \pmod p$$

当 i 取 $1, 3, \cdots, p-2$ 时,由(2) 和(1) 得

$$2^2 \cdot 4^2 \cdot \cdots \cdot (p-1)^2 \equiv (-1)^{\frac{p-1}{2}}(p-1)! \equiv$$

$$(-1)^{\frac{p+1}{2}} \pmod{p}$$

42. 设 p 是一个素数，证明

1) $\dbinom{n}{p} \equiv \left[\dfrac{n}{p}\right] \pmod{p}$；

2) 如果 $p^s \left| \left[\dfrac{n}{p}\right]\right.$，则 $p^s \left|\dbinom{n}{p}\right.$。

证 1) p 个连续数 $n, n-1, \cdots, n-p+1$ 构成模 p 的一个完全剩余系(204 页 §6)，所以其中有一个也只有一个数，不妨设为 $n-i$ 使 $p \mid n-i, 0 \leqslant i \leqslant p-1$，即得 $\dfrac{n}{p} = \dfrac{n-i}{p} + \dfrac{i}{p}$，从而有

$$\left[\frac{n}{p}\right] = \frac{n-i}{p} \tag{1}$$

设 $M = \dfrac{n(n-1)\cdots(n-p+1)}{n-i}$，则易证

$$M \equiv (p-1)! \pmod{p} \tag{2}$$

由(1)得

$$M\left[\frac{n}{p}\right] = \frac{(n-i)M}{p} = (p-1)!\dbinom{n}{p} \tag{3}$$

于是有

$$(p-1)!\left[\frac{n}{p}\right] \equiv M\left[\frac{n}{p}\right] \equiv (p-1)!\dbinom{n}{p} \pmod{p} \tag{4}$$

因为 $(p, (p-1)!) = 1$，从式(4)得出

$$\left[\frac{n}{p}\right] \equiv \dbinom{n}{p} \pmod{p}$$

2) 由式(3)知如果 $p^s \left|\left[\dfrac{n}{p}\right]\right.$，则

$$p^s \mid (p-1)! \binom{n}{p}$$

由于 $(p^s, (p-1)!) = 1$，所以 $p^s \left| \binom{n}{p} \right.$。

43. 设 $m > 0$，则有

$$2^{m+1} \parallel \left[(1 + \sqrt{3})^{2m+1} \right]$$

证　因为 $-1 < (1 - \sqrt{3})^{2m+1} < 0$，设 $A_m = (1 + \sqrt{3})^{2m+1} + (1 - \sqrt{3})^{2m+1}$，则由二项式定理展开易证 A_m 是整数，且有

$$(1 + \sqrt{3})^{2m+1} - 1 < A_m < (1 + \sqrt{3})^{2m+1}$$

故

$$A_m = \left[(1 + \sqrt{3})^{2m+1} \right]$$

而

$$
\begin{aligned}
A_m &= (1 + \sqrt{3}) \cdot \left[(1 + \sqrt{3})^2 \right]^m + \\
&\quad (1 - \sqrt{3}) \cdot \left[(1 - \sqrt{3})^2 \right]^m = \\
&\quad (1 + \sqrt{3})(4 + 2\sqrt{3})^m + \\
&\quad (1 - \sqrt{3})(4 - 2\sqrt{3})^m = \\
&\quad 2^m ((1 + \sqrt{3})(2 + \sqrt{3})^m + \\
&\quad (1 - \sqrt{3})(2 - \sqrt{3})^m) \qquad (1)
\end{aligned}
$$

再从二项式定理可知

$$(2 + \sqrt{3})^m = 2(a + b\sqrt{3}) + (\sqrt{3})^m$$

$$(2 - \sqrt{3})^m = 2(a - b\sqrt{3}) + (-\sqrt{3})^m$$

故（1）可写为

$$
\begin{aligned}
A_m &= 2^m \big[2(c + d\sqrt{3}) + (1 + \sqrt{3})(\sqrt{3})^m + \\
&\quad 2(c - d\sqrt{3}) + (1 - \sqrt{3})(-\sqrt{3})^m \big] = \\
&\quad 2^m \big[4c + (1 + \sqrt{3})(\sqrt{3})^m +
\end{aligned}
$$

$$(1 - \sqrt{3})(-\sqrt{3})^m] = 2^m B_m$$

如果 $m = 2k$，则

$$B_{2k} = 4c + 2 \cdot 3^k \equiv 2 \pmod 4$$

如果 $m = 2k + 1$，则

$$B_{2k+1} = 4c + 2 \cdot 3^{k+1} \equiv 2 \pmod 4$$

因此 $B_m \equiv 2 \pmod 4$，即 $2 \parallel B_m$. 这便证明了结论.

44. 设 $a_n > 0, n = 1,2,3,\cdots$ 满足

$$a_{n+1} = 2a_n + 1, \quad n = 1,2,3,\cdots \qquad (1)$$

则 $a_n (n = 1,2,3,\cdots)$ 不可能都是素数.

证 a_i 是偶素数 2 时，则 $a_2 = 5, a_3 = 11, a_4 = 23$，$a_5 = 47, a_6 = 95, a_6$ 就不是素数. 现设 a_1 是奇素数 p，由 (1)，有

$$a_2 = 2a_1 + 1$$

$$a_3 = 2a_2 + 1 = 2(2a_1 + 1) + 1 = 2^2 a_1 + 2^2 - 1$$

$$a_4 = 2a_3 + 1 = 2(2^2 a_1 + 2^2 - 1) + 1 = 2^3 a_1 + 2^3 - 1$$

$$\vdots$$

即可证明

$$a_k = 2^{k-1} a_1 + 2^{k-1} - 1, \quad k > 0$$

取 $k = p$，则

$$a_p = 2^{p-1} p + 2^{p-1} - 1$$

由于 p 是奇素数，由上式得

$$a_p \equiv 0 \pmod p$$

而 $a_p > p$，故 a_p 是复合数.

45. 设三个素数 p_1, p_2, p_3 成等差数列，$d > 0$ 是给定的公差，如果 $6 \nmid d$，则这样的等差数列最多只有一组.

证　设 $p_1, p_2 = d + p_1, p_3 = 2d + p_1$. 当 $p_1 = 2$ 时, p_3 不是素数, 因此 p_1 是奇素数. 此时 d 是偶数, 即 $2 \mid d$, 否则 p_2 不是素数. 由 $2 \mid d, 6 \nmid d$, 得出 $3 \nmid d$, 故得

$$p_1, \quad p_2 = p_1 + d \equiv p_1 + 1 \ (\bmod\ 3)$$
$$p_3 = p_1 + 2d \equiv p_1 + 2 \ (\bmod\ 3)$$

或

$$p_1, \quad p_2 = p_1 + d \equiv p_1 + 2 \ (\bmod\ 3)$$
$$p_3 = p_1 + 2d \equiv p_1 + 1 \ (\bmod\ 3)$$

无论哪一种情形, p_1, p_2, p_3 中都有一个被 3 整除, 由于 p_1, p_2, p_3 是素数, 且 $p_1 < p_2 < p_3$, 故 $p_1 = 3$, 这就证明了当 $6 \nmid d$ 时, 对于这个给定的 d 最多只有一组素数序列组成等差级数 $p_1 = 3, p_2 = 3 + d, p_3 = 3 + 2d$.

46. 设 $n \geqslant 2$, 证明存在 n 个复合数, 组成一个等差级数, 而且其中任意两个数互素.

证　选择一个素数 $p > n$ 和一个整数 $N \geqslant p + (n - 1)n!$, 则数列

$$N! + p, N! + p + n!, N! + p + 2n!, \cdots,$$
$$N! + p + (n - 1)n! \tag{1}$$

组成一个等差级数.

由于 $N \geqslant p + (n - 1)n!$, 故 $N!$ 中有因子 $p, p + n!, \cdots, p + (n - 1)n!$, 故 (1) 中 n 个数都是复合数.

如果 (1) 中有两个数不互素, 设为

$$N! + p + in!, \quad N! + p + jn!, \quad 0 \leqslant i < j \leqslant n - 1$$

则这两个数的最大公因数必有素因数 q, 即存在素数

$$q \mid N! + p + in!, \quad q \mid N! + p + jn!$$

则有

$$q \mid (j - i)n!, \quad 0 < j - i < n$$

因 q 设为素数,故 $q \mid (j-i)$ 或 $q \mid n!$,归根结底 $q \mid n!$.
又因 $q \leq n! < N!$,故 $q \mid N!$,由

$$q \mid N! + p + in!, \quad q \mid N!, \quad q \mid n!$$

可推得 $q \mid p$. 由 p, q 是素数知,只有 $q = p$,而素数 $p > n$,这与 $q \mid n!$ 矛盾.

47. 设 $a > 0, d > 0$,等差级数

$$a, a+d, a+2d, \cdots \qquad (1)$$

1)(1)中如果包含一个整数的 k 次幂,则包含无限多个整数的 k 次幂.

2)再设 $(a, d) = 1$,则(1)中有无限多个数具有相同的素因数.

证 1)如果(1)中包含了一个整数的 k 次幂 u^k,则有

$$u^k \equiv a \pmod{d}$$

于是,对任意的 $n \geq 0$,有

$$(u + nd)^k \equiv u^k \equiv a \pmod{d}$$

因此无限多个整数的 k 次幂

$$(u + nd)^k, \quad n = 0, 1, 2, \cdots$$

都在(1)中.

2)如果 $a > 1$,则因为 $a^{\varphi(d)} \equiv 1 \pmod{d}$,所以

$$n_l = \frac{a}{d}(a^{\varphi(d)l} - 1), \quad l = 1, 2, \cdots$$

都是整数(其中 $\varphi(d)$ 见 205 页 §8),数

$$a + n_l d = a^{\varphi(d)l+1}, \quad l = 1, 2, \cdots$$

也在(1)中,而且 $a^{\varphi(d)l+1}$ 与 a 有相同的素因数. 故(1)中包含无限多个数具有相同的素因数.

如果 $a = 1$,则 $a + d = a_1 > 1$,且 $(a_1, d) = 1$,同法

可证(1) 中包含无限多个数与 a_1 有相同的素因数.

48. 设 $n > 0$,则

$$\left[\frac{(n - 1)!}{n(n + 1)}\right]$$

是偶数.

证　令 $Q = \dfrac{(n - 1)!}{n(n + 1)}$,当 $n < 6$ 时,$[Q] = 0$,故

可设 $n \geqslant 6$.

当 $n = p(> 5)$ 是素数时

$$Q + \frac{1}{p} = \frac{(p - 1)! + p + 1}{p(p + 1)}$$

因为

$$(p - 1)! + 1 \equiv 0 \pmod{p}$$

故

$$p \mid (p - 1)! + p + 1$$

又因为

$$p + 1 = 2n_1, \quad 2 < n_1 < p - 1$$

故

$$p + 1 \mid (p - 1)! + p + 1$$

所以 $Q + \dfrac{1}{p}$ 是整数. 又因 $\dfrac{(p - 1)!}{p + 1}$ 是偶数, 所以

$\dfrac{(p - 1)! + p + 1}{p + 1}$ 是奇数,即 $Q + \dfrac{1}{p}$ 是奇数,于是

$[Q] = Q + \dfrac{1}{p} - 1$ 是偶数.

当 $n + 1 = p(> 5)$ 是素数时

$$Q + \frac{1}{p} = \frac{(p - 2)! + p - 1}{p(p - 1)}$$

因为同上原因有

$$p \mid (p-2)! + p - 1, \quad p - 1 \mid (p-2)! + p - 1$$

所以 $Q + \dfrac{1}{p}$ 是整数. 又因 $\dfrac{(p-2)!}{p-1}$ 是偶数, 故

$\dfrac{(p-2)! + p - 1}{p-1}$ 是奇数, 即 $Q + \dfrac{1}{p}$ 是奇数, 于是

$[Q] = Q + \dfrac{1}{p} - 1$ 是偶数.

如果 $n, n+1$ 都是复合数, 可设 $n = ab, n+1 = cd$, $1 < a < n, 1 < b < n, 1 < c < n, 1 < d < n$. 由 $(ab, cd) = 1$, 知 $a \neq c, a \neq d, b \neq c, b \neq d$. 由于 $n \geq 6$, 故

$$2 \leqslant a \leqslant \frac{n}{2}, \quad 2 \leqslant b \leqslant \frac{n}{2}$$

$$2 \leqslant c \leqslant \frac{1}{2}(n+1), \quad 2 \leqslant d \leqslant \frac{1}{2}(n+1)$$

如果 $a \neq b, c \neq d$, 则 a, b, c, d 是 $1, 2, \cdots, n-1$ 中四个不同的数, 由此得 $n(n+1) \mid (n-1)!$. 即 $[Q] = Q$. 又因 $n > 13$, 故 $1, 2, \cdots, n-1$ 中至少有 6 个偶数, 由此得 Q 是偶数. 因为 n 和 $n+1$ 不可能全是平方数, 故剩下的情形是 $a = b, c \neq d$ 或 $a \neq b, c = d$, 此时取 $a, 2a, c, d$ 或 $a, b, c, 2c$ 都是 $1, 2, \cdots, n-1$ 中四个不同的数, 所以 $\dfrac{(n-1)!}{2n(n+1)}$ 是偶数, 即 $Q = [Q]$ 是偶数, 结论仍然成立.

49. 设 $a > 0, b > 0, n > 0$, 满足 $n \mid a^n - b^n$, 则

$$n \left| \frac{a^n - b^n}{a - b} \right.$$

证 设 $p^m \parallel n, p$ 是一个素数, $a - b = t$, 如果 $p \nmid t$, 则由

$$p^m \mid a^n - b^n = t \cdot \frac{a^n - b^n}{t}$$

及 $(p^m, t) = 1$，推出

$$p^m \left| \frac{a^n - b^n}{t} \right.$$

现设 $p \mid t$，而

$$\frac{a^n - b^n}{t} = \frac{(b+t)^n - b^n}{t} =$$

$$\frac{b^n + \binom{n}{1} b^{n-1} t + \cdots + \binom{n}{n-1} b t^{n-1} + t^n - b^n}{t} =$$

$$\sum_{i=1}^{n} \binom{n}{i} b^{n-i} t^{i-1}$$

因为

$$\binom{n}{i} b^{n-i} t^{i-1} = \frac{n(n-1)\cdots(n-i+1)}{i!} b^{n-i} t^{i-1} =$$

$$n(n-1)\cdots(n-i+1) b^{n-i} \frac{t^{i-1}}{i!} \quad (1)$$

在 $i = 1, 2, \cdots, n$ 时，$i!$ 中含 p 的最高方幂是（209 页 §16）

$$\sum_{k=1}^{\infty} \left[\frac{i}{p^k} \right] < \sum_{k=1}^{\infty} \frac{i}{p^k} = \frac{i}{p-1} \leqslant i$$

又因 $p^{i-1} \mid t^{i-1}$，$p^m \mid n$，所以从式（1）可知

$$p^m \left| \binom{n}{i} b^{n-i} t^{i-1} \right., \quad i = 1, 2, \cdots, n$$

即

$$p^m \left| \frac{a^n - b^n}{a - b} \right.$$

把 n 作素因数分解并考察每一素因数，就证明了

$$n \left| \frac{a^n - b^n}{a - b} \right..$$

50. 设 $n > 0, m > 1$，则

$$n! \ \Big| \ \prod_{i=0}^{n-1} (m^n - m^i)$$

证 因为

$$\prod_{i=0}^{n-1} (m^n - m^i) = (m^n - 1)(m^n - m) \cdots (m^n - m^{n-1}) =$$

$$m \cdot m^2 \cdots \cdot m^{n-1} \prod_{i=1}^{n} (m^i - 1) =$$

$$m^{\frac{n(n-1)}{2}} \prod_{i=1}^{n} (m^i - 1)$$

当 $n = 1$ 时，结论是成立的；当 $n = 2$ 时，$2 \mid (m^2 - 1)(m^2 - m)$，结论也是成立的. 现设当 $n \geqslant 3$ 且 $p^\alpha \| n!$ 时，有 $\alpha = \sum_{j=1}^{\infty} \left[\dfrac{n}{p^j}\right]$（209 页 §16）. 如果 $p \mid m$，则此时因

$$\alpha < \sum_{j=1}^{\infty} \frac{n}{p^j} = \frac{n}{p-1} \leqslant n \leqslant \frac{n(n-1)}{2}$$

故 $p^\alpha \Big| \prod_{i=0}^{n-1} (m^n - n^i)$；如果 $p \nmid m$，则 $(p, m) = 1$，故 $m^{p-1} \equiv 1 \pmod{p}$，从而对任何 $s > 0$ 有

$$p \mid m^{s(p-1)} - 1$$

而 $1, 2, \cdots, n$ 中为 $s(p-1)$ 形式也即 $p - 1$ 的倍数的个数是 $\left[\dfrac{n}{p-1}\right]$，这个个数

$$\left[\frac{n}{p-1}\right] = \left[\sum_{j=1}^{\infty} \frac{n}{p^j}\right] \geqslant \sum_{j=1}^{\infty} \left[\frac{n}{p^j}\right] = \alpha$$

所以

$$p^\alpha \mid (m^1 - 1)(m^2 - 1) \cdots (m^n - 1) = \prod_{i=1}^{n} (m^i - 1)$$

即得

$$p^\alpha \Big| \prod_{i=0}^{n-1} (m^n - m^i)$$

把 $n!$ 作素因数分解, 并考察每一素因数, 就证明了

$$n! \ \Big| \ \prod_{i=0}^{n-1} (m^n - m^i).$$

51. 设 $n \geqslant 5, 2 \leqslant b \leqslant n$, 则

$$b - 1 \ \Big| \ \left[\frac{(n-1)!}{b} \right] \qquad (1)$$

证　如果 $b < n$, 则 $b(b-1) \mid (n-1)!$, 即 $b - 1 \Big| \dfrac{(n-1)!}{b}$, 但 $\dfrac{(n-1)!}{b}$ 是整数, 故式(1) 成立.

如果 $b = n, n$ 是一个复合数且不是一个素数的平方, 可设 $b = n = rs, 1 < r < s < n$, 由 $(n, n-1) = 1$ 知 $s < n - 1$, 故 $b(b-1) = rs(n-1) \mid (n-1)!$, 式(1) 成立.

如果 $b = n = p^2, p$ 是一个素数, 由 $n = p^2 \geqslant 5$ 知 $2 < p < 2p < p^2 - 1 = n - 1$, 故 $p, 2p, n - 1$ 是小于 n 的三个不同的数. 因此

$$p \cdot 2p \cdot (n-1) = 2b(b-1) \mid (n-1)!$$

式(1) 成立.

如果 $b = n = p, p$ 是一个素数, 由 $(p-1)! + 1 \equiv 0 \pmod{p}$ 知

$$\left[\frac{(p-1)!}{p} \right] = \left[\frac{(p-1)! + 1}{p} - \frac{1}{p} \right] =$$

$$\frac{(p-1)! + 1}{p} - 1 = \frac{(p-1)! - (p-1)}{p}$$

即

$$p\left[\frac{(p-1)!}{p}\right] = (p-1)! - (p-1)$$

由于 $(p-1, p) = 1$，故 $p-1 \Big| \left[\frac{(p-1)!}{p}\right]$，式（1）成立.

52. 证明：对任意的整数 x，$\frac{1}{5}x^5 + \frac{1}{3}x^3 + \frac{7}{15}x$ 是一个整数.

证 由于

$$\frac{1}{5}x^5 + \frac{1}{3}x^3 + \frac{7}{15}x = \frac{3x^5 + 5x^3 + 7x}{15}$$

只须证明对任意的整数 x

$$15 \mid 3x^5 + 5x^3 + 7x \qquad (1)$$

因为 $x^3 \equiv x \pmod{3}$，故

$$3x^5 + 5x^3 + 7x \equiv 5(x^3 - x) + 12x \equiv$$
$$12x \equiv 0 \pmod{3}$$

同理，因 $x^5 \equiv x \pmod{5}$，故

$$3x^5 + 5x^3 + 7x \equiv 10x \equiv 0 \pmod{5}$$

又因 $(3,5) = 1$，故知（1）成立.

53. 设 $p > 3$，p 是素数，则对任意的 a, b

$$ab^p - ba^p \equiv 0 \pmod{6p} \qquad (1)$$

证 因为

$$b^p - b = b(b^{p-1} - 1) = b\left((b^2)^{\frac{p-1}{2}} - 1\right) =$$
$$b(b^2 - 1)\left((b^2)^{\frac{p-1}{2}-1} + \cdots + 1\right)$$

所以

$$b(b^2 - 1) \mid b^p - b$$

而 $6 \mid b(b^2 - 1)$，上式给出 $6 \mid b^p - b$，又因 $(6, p) = 1$，$b^p - b \equiv 0 \pmod p$，故

$$6p \mid b^p - b$$

由此可得

$$a(b^p - b) \equiv 0 \pmod{6p} \qquad (2)$$

类似可得

$$b(a^p - a) \equiv 0 \pmod{6p} \qquad (3)$$

由（2）和（3）便得到式（1）.

54. 设 $a > 1, n > 1$，称 a^n 为一个完全方幂，证明：当 p 是一个素数时，$2^p + 3^p$ 不是完全方幂.

证 可以直接验证，当 $p = 2$ 时，$2^2 + 3^2 = 13$ 不是一个完全方幂；当 $p = 5$ 时，$2^5 + 3^5 = 275$ 也不是完全方幂. 现设 $p = 2k + 1 \neq 5$，有

$$2^p + 3^p = 2^{2k+1} + 3^{2k+1} =$$
$$(2 + 3)(2^{2k} - 2^{2k-1}3 + 2^{2k-2}3^2 - \cdots + 3^{2k})$$
$$\qquad (1)$$

由于 $2^p + 3^p$ 有因数 5，故若 $2^p + 3^p$ 是完全方幂，则必须至少还有一个因数 5. 但由于 $3 \equiv -2 \pmod 5$，有

$$2^{2k} - 2^{2k-1}3 + 2^{2k-2}3^2 - \cdots + 3^{2k} \equiv$$
$$2^{2k} - 2^{2k-1}(-2) + 2^{2k-2}(-2)^2 - \cdots + (-2)^{2k} =$$
$$2^{2k} + 2^{2k} + \cdots + 2^{2k} = (2k+1)2^{2k} =$$
$$p \cdot 2^{p-1} \pmod 5$$

因 $p \neq 5$，p 又是素数，故 p 没有因子 5，因此

$$5 \nmid 2^{2k} - 2^{2k-1}3 + 2^{2k-2}3^2 - \cdots + 3^{2k}$$

由此知 $2^p + 3^p$ 不是完全方幂.

55. 求出最小的正整数，它的 $\dfrac{1}{2}$ 是一个整数的平

方,它的 $\dfrac{1}{3}$ 是一个整数的三次方,它的 $\dfrac{1}{5}$ 是一个整数的五次方.

证 注意到"最小"及其他条件,可设 $N = 2^{\alpha}3^{\beta}5^{\gamma}$,由于 $\dfrac{N}{2}$ 是一个整数的平方,故有

$$\alpha \equiv 1 \;(\bmod\; 2), \quad \beta \equiv 0 \;(\bmod\; 2), \quad \gamma \equiv 0 \;(\bmod\; 2)$$

由于 $\dfrac{N}{3}$ 是一个整数的三次方,故

$$\alpha \equiv 0 \;(\bmod\; 3), \quad \beta \equiv 1 \;(\bmod\; 3), \quad \gamma \equiv 0 \;(\bmod\; 3)$$

由于 $\dfrac{N}{5}$ 是一个整数的五次方,故

$$\alpha \equiv 0 \;(\bmod\; 5), \quad \beta \equiv 0 \;(\bmod\; 5), \quad \gamma \equiv 1 \;(\bmod\; 5)$$

由孙子定理(209 页 §15)可求得

$$\alpha \equiv 15 \;(\bmod\; 30), \quad \beta \equiv 10 \;(\bmod\; 30)$$

$$\gamma \equiv 6 \;(\bmod\; 30)$$

故

$$2^{15} \cdot 3^{10} \cdot 5^{6}$$

是所求的最小的正整数.

56. 证明:当 $n > 1$ 时,不存在奇素数 p 和正整数 m 使 $p^{n} + 1 = 2^{m}$;当 $n > 2$ 时,不存在奇素数 p 和正整数 m 使 $p^{n} - 1 = 2^{m}$.

证 由 13 题知 $2 \nmid n$ 时,结论成立.

现设 $2 \mid n$,此时在

$$p^{n} + 1 = 2^{m} \tag{1}$$

中,由于 $p \geqslant 3, n \geqslant 2$,故 $2^{m} = p^{n} + 1 \geqslant 10$,显然有 $m \geqslant 2$. 对(1)取模 4 得 $2^{m} \equiv 0\,(\bmod\; 4)$ 和 $p^{n} \equiv 1\,(\bmod\; 4)$,故

$$2 \equiv 0 \pmod{4}$$

但这是不可能的,故第一个结论成立.

设 $n = 2k$,有

$$p^{2k} - 1 = 2^m \tag{2}$$

则由(2)得

$$(p^k - 1)(p^k + 1) = 2^m$$

故有

$$p^k + 1 = 2^s, \quad s > 0, \quad k > 1$$

由第一个结论知上式不能成立,故(2)不成立,这就证明了第二个结论.

57. 证明:不定方程

$$x^2 + y^2 + z^2 = x^2 y^2 \tag{1}$$

除了 $x = y = z = 0$ 外,无其他的整数解.

证　分三种情况讨论.

(ⅰ)设 $2 \nmid x, 2 \nmid y$,由(1)得 $2 \nmid z$,再对(1)取模 4 得

$$3 \equiv 1 \pmod{4}$$

这是不可能的.

(ⅱ)设 $2 \mid x$,对式(1)取模 4 得

$$y^2 + z^2 \equiv 0 \pmod{4} \tag{2}$$

如 y 和 z 中有一个是奇数或全是奇数,则 $y^2 + z^2 \equiv 1$ 或 $2 \pmod{4}$,(2)不成立,故得 $x \equiv y \equiv z \equiv 0 \pmod{2}$. 令 $x = 2x_1, y = 2y_1, z = 2z_1$,代入(1)得

$$x_1^2 + y_1^2 + z_1^2 = 4x_1^2 y_1^2 \tag{3}$$

对(3)取模 4,仿上同理可得 $x_1 \equiv y_1 \equiv z_1 \equiv 0 \pmod{2}$,令 $x_1 = 2x_2, y_1 = 2y_2, z_1 = 2z_2$,代入(3)得

$$x_2^2 + y_2^2 + z_2^2 = 4^2 x_2^2 y_2^2$$

再对上式取模 4,又同理可得 $x_2 \equiv y_2 \equiv z_2 \equiv 0 \pmod 2$. 如此继续下去,可以推出如果存在(1)的一组整数解 x, y, z,则分别可被 2 的任意次幂所整除,故此时仅有解 $x = y = z = 0$.

(ⅲ)对 $2 \mid y$ 的情形,用与(ⅱ)同样的方法可以证明仅有解 $x = y = z = 0$.

58. 设 n 是给定的正整数,求

$$\frac{1}{n} = \frac{1}{x} + \frac{1}{y}, \quad x \neq y \qquad (1)$$

的正整数解 (x, y) 的个数.

证 由(1)可知正整数解 (x, y) 满足 $x > n, y > n$,可令

$$x = n + r, \quad y = n + s, \quad r \neq s \qquad (2)$$

把(2)代入(1)可得

$$\frac{1}{n} = \frac{1}{n+r} + \frac{1}{n+s} = \frac{2n+r+s}{(n+r)(n+s)}$$

故

$$n^2 + (r+s)n + rs = 2n^2 + (r+s)n$$

得

$$n^2 = rs$$

n^2 的不同因数 r 共有 $d(n^2)$ 个,但需剔除 $r = n$ 这种情况. 因此,(1)的正整数解 (x, y) 的个数是

$$d(n^2) - 1$$

59. 设 $n > 1, 2 \nmid n$,则对任意的 m,有

$$n \nmid m^{n-1} + 1 \qquad (1)$$

证 如果 $(n, m) = a > 1$,则因 $a \mid n, a \nmid (m^{n-1} + 1)$,故(1)成立,以下设 $(n, m) = 1$.

设 n 的标准分解式为 $n = p_1^{\alpha_1} p_2^{\alpha_2} \cdots p_s^{\alpha_s}$，由 $2 \nmid n$ 可设

$$p_i - 1 = 2^{m_i} t_i, \quad m_i > 0$$

$$2 \nmid t_i, \quad i = 1, 2, \cdots, s$$

$$m_j = \min\{m_1, m_2, \cdots, m_s\}$$

于是有

$$n - 1 = p_1^{\alpha_1} p_2^{\alpha_2} \cdots p_s^{\alpha_s} - 1 \equiv 0 \pmod{2^{m_j}}$$

故可设

$$n - 1 = 2^{m_j} u, \quad u > 0$$

如果(1)不成立，则

$$m^{n-1} + 1 \equiv 0 \pmod{n}$$

即

$$m^{2^{m_j} u} + 1 \equiv 0 \pmod{n}$$

由于 $2 \nmid t_j$，即 t_j 是奇数. 由上式得出

$$m^{2^{m_j} u t_j} + 1 \equiv 0 \pmod{n}$$

用 $2^{m_j} t_j = p_j - 1$ 代入，即得

$$m^{(p_j-1)u} + 1 \equiv 0 \pmod{n} \tag{2}$$

因 $(n, m) = 1$，即知 $(p_j, m) = 1$，由此 $m^{(p_j-1)u} - 1 \equiv 0 \pmod{p_j}$，故从(2)得

$$2 \equiv 0 \pmod{p_j}$$

与假设 $p_j > 2$ 矛盾.

　　注　由此题可立刻推得：设 $n > 1$，则对任意的 n，$n \nmid (2l)^{n-1} + 1$.

　　60. 设 p_1, p_2 是两个奇素数，$p_1 > p_2$，则对任意的 m，有

$$p_1 p_2 \nmid m^{p_1 - p_2} + 1 \tag{1}$$

　　证　$p_1 \mid m$ 或 $p_2 \mid m$ 时式(1)显然成立. 以下设

$(p_1, m) = (p_2, m) = 1$. 如果（1）不成立, 则有

$$p_1 p_2 \mid m^{p_1 - p_2} + 1$$

即得 $p_1 p_2 m^{p_2} \mid m^{p_1} + m^{p_2}$. 故有

$$p_1 p_2 \mid m^{p_1} + m^{p_2} \qquad (2)$$

由于 $m^{p_1} \equiv m \pmod{p_1}$, 从（2）推出

$$m^{p_2} \equiv -m^{p_1} \equiv -m \pmod{p_1} \qquad (3)$$

由（3）两边 p_1 次幂后得

$$m^{p_1 p_2} \equiv (-m)^{p_1} \equiv -m^{p_1} \equiv -m \pmod{p_1}$$

因 $(p_1, m) = 1$, 故由上式得

$$m^{p_1 p_2 - 1} \equiv -1 \pmod{p_1} \qquad (4)$$

同理

$$m^{p_1 p_2 - 1} \equiv -1 \pmod{p_2} \qquad (5)$$

由（4）和（5）得

$$m^{p_1 p_2 - 1} \equiv -1 \pmod{p_1 p_2}$$

即

$$p_1 p_2 \mid m^{p_1 p_2 - 1} + 1$$

这与 59 题的结论矛盾, 故（1）成立.

61. 设 $m \geqslant 2$, 则存在 $n + 1$ 个整数

$$1 \leqslant a_1 < a_2 < \cdots < a_{n+1} \leqslant m^n$$

使得下列 m^{n+1} 个数:

$$\sum_{k=1}^{n+1} t_k a_k, \quad 0 \leqslant t_i \leqslant m - 1, \quad i = 1, 2, \cdots, n + 1 \qquad (1)$$

都不相同.

证 取

$$a_k = m^{k-1}, \quad k = 1, 2, \cdots, n + 1$$

便符合要求.

设(1) 中两个数相等

$$\sum_{k=1}^{n+1} t'_k m^{k-1} = \sum_{k=1}^{n+1} t_k m^{k-1} \qquad (2)$$

对(2) 取模 m 可得

$$t_1 \equiv t'_1 \pmod{m}$$

由 $0 \leqslant t_1, t'_1 \leqslant m - 1$ 知 $t_1 = t'_1$，由(2) 得

$$\sum_{k=2}^{n+1} t'_k m^{k-2} = \sum_{k=2}^{n+1} t_k m^{k-2} \qquad (3)$$

对(3) 取模 m，同理可得

$$t'_2 \equiv t_2 \pmod{m}$$

故知 $t'_2 = t_2$，如此继续下去可得 $t'_i = t_i (i = 1,2,\cdots,n + 1)$，因此，(1) 中的数在 $a_k = m^{k-1} (k = 1,2,\cdots,n + 1)$ 时全不相同.

62. 设 n 个正整数满足 $0 < a_1 < a_2 < \cdots < a_n$，则在 2^n 个整数

$$\sum_{i=1}^{n} t_i a_i, \quad t_i \ 取 1 \ 或 - 1, \quad i = 1,2,\cdots,n \qquad (1)$$

中至少存在 $\dfrac{n^2 + n + 2}{2}$ 个不同的整数同时为偶数或同时为奇数.

证 设 $a = -\sum_{i=1}^{n} a_i$，则

$$a < a + 2a_1 < a + 2a_2 < \cdots < a + 2a_n <$$
$$a + 2a_n + 2a_1 < \cdots < a + 2a_n + 2a_{n-1} <$$
$$a + 2a_n + 2a_{n-1} + 2a_1 < \cdots <$$
$$a + 2a_n + 2a_{n-1} + 2a_{n-2} < \cdots <$$
$$a + 2a_n + \cdots + 2a_2 <$$

$$a + 2 \sum_{i=1}^{n} a_i = \sum_{i=1}^{n} a_i \qquad (2)$$

（2）中每一个整数都是（1）中的数且不相同,故共有

$$1 + n + n - 1 + n - 2 + \cdots + 2 + 1 =$$
$$\frac{n(n+1)}{2} + 1 = \frac{n^2 + n + 2}{2}$$

个不同的数.

当 $a \equiv 0 (\bmod 2)$ 时,（2）中的数都是偶数;当 $a \equiv 1 (\bmod 2)$ 时,（2）中的数都是奇数.

63. 设

$$a_1 = a_2 = a_3 = 1$$
$$a_{n+1} = \frac{1 + a_n a_{n-1}}{a_{n-2}}, \quad n \geqslant 3$$

则 $a_i (i = 1, 2, 3, \cdots)$ 都是整数.

证 用数学归纳法证. 当 $n = 3$ 时, $a_4 = 2$. 现在设当 $n \geqslant 4$ 时, $a_1, a_2, \cdots, a_n$ 都是整数, 我们来证明 a_{n+1} 是整数. 因为

$$a_{n+1} = \frac{1 + a_n a_{n-1}}{a_{n-2}}$$
$$a_n = \frac{1 + a_{n-1} a_{n-2}}{a_{n-3}}$$

所以

$$a_{n+1} a_{n-2} = 1 + a_n a_{n-1} \qquad (1)$$
$$a_n a_{n-3} = 1 + a_{n-1} a_{n-2} \qquad (2)$$

由式（1）（2）可得

$$a_{n+1} a_{n-2} + a_{n-1} a_{n-2} = a_n a_{n-1} + a_n a_{n-3}$$

故有

$$\frac{a_{n+1} + a_{n-1}}{a_n} = \frac{a_{n-1} + a_{n-3}}{a_{n-2}} \qquad (3)$$

当 $2 \mid n$ 时,式(3) 给出

$$\frac{a_{n+1} + a_{n-1}}{a_n} = \cdots = \frac{a_3 + a_1}{a_2} = 2$$

当 $2 \nmid n$ 时,式(3) 给出

$$\frac{a_{n+1} + a_{n-1}}{a_n} = \cdots = \frac{a_4 + a_2}{a_3} = 3$$

即 $a_{n+1} = 2a_n - a_{n-1}$ 或 $a_{n+1} = 3a_n - a_{n-1}$. 因为 a_{n-1}, a_n 是整数,所以 a_{n+1} 是整数,于是结论成立.

注 此题可推广为:设 $a_1 = a_2 = 1, a_3 = l, a_{n+1} = \dfrac{k + a_n a_{n-1}}{a_{n-2}}, 0 < l \leq k$,当 $k = rl - 1$ 时,则 $a_i(i = 1, 2, 3, \cdots)$ 是整数.

64. 证明:

1)每一个整数至少满足下列同余式中的一个:

$$x \equiv 0(\bmod 2), \quad x \equiv 0(\bmod 3), \quad x \equiv 1(\bmod 4)$$
$$x \equiv 5(\bmod 6), \quad x \equiv 7(\bmod 12)$$

2)每一个整数至少满足下列同余式中的一个:

$$x \equiv 1(\bmod 3), \quad x \equiv 2(\bmod 4), \quad x \equiv 5(\bmod 6)$$
$$x \equiv 4(\bmod 8), \quad x \equiv 0(\bmod 9), \quad x \equiv 0(\bmod 12)$$
$$x \equiv 0(\bmod 16), \quad x \equiv 3(\bmod 18), \quad x \equiv 3(\bmod 24)$$
$$x \equiv 33(\bmod 36), \quad x \equiv 8(\bmod 48), \quad x \equiv 15(\bmod 72)$$

证 1)全体偶数满足 $x \equiv 0(\bmod 2)$;全体奇数可按模 12 分成六类

$$12k + 1, 12k + 3, 12k + 5, 12k + 7,$$
$$12k + 9, 12k + 11, \quad k = 0, \pm 1, \cdots$$

其中 $12k + 3, 12k + 9$ 满足 $x \equiv 0(\bmod 3), 12k + 1,$

$12k + 5$ 满足 $x \equiv 1(\bmod 4)$，$12k + 7,12k + 11$ 分别满足 $x \equiv 7(\bmod 12)$ 和 $x \equiv 5(\bmod 6)$.

2）全体偶数为
$$4k,4k + 2, \quad k = 0, \pm 1,\cdots$$
除满足 $x \equiv 2(\bmod 4)$ 和 $x \equiv 4(\bmod 8)$ 以外的偶数，尚有
$$8k, \quad k = 0, \pm 1,\cdots \qquad (1)$$
（1）中偶数除满足 $x \equiv 0(\bmod 16)$ 外，尚有
$$16k + 8, \quad k = 0, \pm 1,\cdots \qquad (2)$$
（2）中偶数为 $48k + 8,48k + 24,48k + 40$，分别满足 $x \equiv 8(\bmod 48)$，$x \equiv 0(\bmod 12)$，$x \equiv 1(\bmod 3)$.

全体奇数除满足 $x \equiv 5(\bmod 6)$ 和 $x \equiv 1(\bmod 3)$ 外，尚有 $6k + 3$，即
$$72k + 3,72k + 9,72k + 15,72k + 21,72k + 27,$$
$$72k + 33,72k + 39,72k + 45,72k + 51,72k + 57,$$
$$72k + 63,72k + 69, \quad k = 0, \pm 1,\cdots \qquad (3)$$
（3）中奇数 $72k + 9,72k + 45,72k + 63$ 满足 $x \equiv 0(\bmod 9)$；$72k + 3,72k + 21,72k + 39,72k + 57$ 满足 $x \equiv 3(\bmod 18)$；$72k + 33,72k + 69$ 满足 $x \equiv 33(\bmod 36)$；$72k + 27,72k + 51$ 满足 $x \equiv 3(\bmod 24)$；剩下 $72k + 15$ 满足 $x \equiv 15(\bmod 72)$.

注 是否对每一个 $n_1 \geqslant 2$ 的整数，都有一组同余式
$$x \equiv a_i \ (\bmod n_i), \quad i = 1,2,\cdots,k$$
$n_1 < n_2 < \cdots < n_k$，使得每一个整数都至少满足其中一个？这个问题尚未解决，但证明了这样的 $n_1,n_2,\cdots,n_k$ 必须满足
$$\sum_{i=1}^{k} \frac{1}{n_i} > 1$$

65. 任给7个整数 $a_1 \leqslant a_2 \leqslant a_3 \leqslant a_4 \leqslant a_5 \leqslant a_6 \leqslant a_7$, 可在其中选出4个整数其和被4整除.

证　对模4有四个剩余类

$$\{0\}, \{1\}, \{2\}, \{3\} \qquad (1)$$

如果7个数分布在四个类中, 不失一般性, 设 a_1 在 $\{0\}$ 中, a_2 在 $\{1\}$ 中, a_3 在 $\{2\}$ 中, a_4 在 $\{3\}$ 中, 如果 a_5 在 $\{1\}$ 或 $\{2\}$ 或 $\{3\}$ 中, 分别由

$$a_1 + a_2 + a_3 + a_5 \equiv 0 + 1 + 2 + 1 \equiv 0 \pmod 4$$

或

$$a_2 + a_3 + a_4 + a_5 \equiv 1 + 2 + 3 + 2 \equiv 0 \pmod 4$$

或

$$a_1 + a_3 + a_4 + a_5 \equiv 0 + 2 + 3 + 3 \equiv 0 \pmod 4$$

知结论成立. 如果 a_5 在 $\{0\}$ 中, 再对 a_6 或 a_7 做同样的讨论, 如果 a_5, a_6, a_7 都在 $\{0\}$ 中, 由

$$a_1 + a_5 + a_6 + a_7 \equiv 0 + 0 + 0 + 0 = 0 \pmod 4$$

知结论成立.

如果7个数在(1)的三类且仅在三类中, 共分四种情形: 分布在

$$\{0\}, \{1\}, \{2\} \qquad (2)$$

中, 或分布在

$$\{0\}, \{1\}, \{3\} \qquad (3)$$

中, 或分布在

$$\{0\}, \{2\}, \{3\} \qquad (4)$$

中, 或分布在

$$\{1\}, \{2\}, \{3\} \qquad (5)$$

中. 先讨论第一种分布, 有一类含给定的数如果比3大, 则至少有4个数在同一类中, 设为 a_1, a_2, a_3, a_4, 则

$$a_1 + a_2 + a_3 + a_4 \equiv 4a_1 \equiv 0 \pmod{4}$$

所以可设每一类不超过三个数. 设 a_1, a_2, a_3 分别属于 $\{0\}, \{1\}, \{2\}$, 如果 a_4 在 $\{1\}$ 中, 由

$$a_1 + a_2 + a_3 + a_4 \equiv 0 + 1 + 2 + 1 \equiv 0 \pmod{4}$$

得证; 如果 a_4 不在 $\{1\}$ 中, 对 a_5 或 a_6 或 a_7 可做同样的讨论, 最后, 如果 a_4, a_5, a_6, a_7 都不在 $\{1\}$ 中, 可设 a_4 在 $\{0\}$ 中, a_5 在 $\{2\}$ 中, 由

$$a_1 + a_3 + a_4 + a_5 \equiv 0 + 2 + 0 + 2 \equiv 0 \pmod{4}$$

得证; 对于 (3)(4)(5) 三种分布情况, 分别有

$$0 + 0 + 1 + 3 \equiv 1 + 3 + 1 + 3 \equiv 0 \pmod{4}$$

和

$$0 + 2 + 3 + 3 \equiv 0 + 2 + 2 + 0 \equiv 0 \pmod{4}$$

和

$$1 + 2 + 2 + 3 \equiv 1 + 1 + 3 + 3 \equiv 0 \pmod{4}$$

得证.

对于 7 个数分别仅分布在一类或仅分布在两类中的情形, 因为至少有一个类含 4 个数, 故结论成立.

注 题中数 7 不能再改小了, 因为 6 个数 $0, 0, 0, 1, 1, 1$ 中不存在这样的四个数. 设 $n \geqslant 2$, 是否对于任意给定的 $2n - 1$ 的整数, 都能从中选出 n 个整数, 其和被 n 整除? 由于 $2n - 2$ 个数 $a_i = 0, a_{i+n-1} = 1 (i = 1, 2, \cdots, n - 1)$ 中不能选出 n 个数其和被 n 整除, 所以 $2n - 1$ 不能再小.

66. 设 $a_1, a_2, \cdots, a_n$ 和 $b_1, b_2, \cdots, b_n$ 分别是 n 的一组完全剩余系 (见第 204 页 §6), 则

1) 当 $2 \mid n$ 时, $a_1 + b_1, a_2 + b_2, \cdots, a_n + b_n$ 不是 n 的一组完全剩余系.

2）当 $n > 2$ 时，$a_1 b_1, a_2 b_2, \cdots, a_n b_n$ 不是 n 的一组完全剩余系.

证　1）由于 $a_1, a_2, \cdots, a_n$ 是 n 的一组完全剩余系，故

$$\sum_{j=1}^{n} a_j \equiv \sum_{j=1}^{n} j = \frac{n(n+1)}{2} \equiv \frac{n}{2} \pmod{n} \quad （1）$$

同样，有

$$\sum_{j=1}^{n} b_j \equiv \frac{n}{2} \pmod{n} \qquad （2）$$

如果 $a_1 + b_1, a_2 + b_2, \cdots, a_n + b_n$ 是一组完全剩余系，则也有

$$\sum_{j=1}^{n} (a_j + b_j) \equiv \frac{n}{2} \pmod{n} \qquad （3）$$

但是由（1）和（2）得

$$\sum_{j=1}^{n} (a_j + b_j) \equiv n \equiv 0 \pmod{n}$$

再由（3）得

$$\frac{n}{2} \equiv 0 \pmod{n}$$

上式不能成立，故 $a_1 + b_1, a_2 + b_2, \cdots, a_n + b_n$ 在 $2 \mid n$ 时，不是 n 的一组完全剩余系.

2）设 $4 \mid n$，如果 $a_1 b_1, a_2 b_2, \cdots, a_n b_n$ 是 n 的一组完全剩余系，则其中有 $\dfrac{n}{2}$ 个奇数和 $\dfrac{n}{2}$ 个偶数，不失一般性，假设 $a_1 b_1, a_2 b_2, \cdots, a_{\frac{n}{2}} b_{\frac{n}{2}}$ 是 $\dfrac{n}{2}$ 个奇数，则 $a_1, a_2, \cdots, a_{\frac{n}{2}}$ 和 $b_1, b_2, \cdots, b_{\frac{n}{2}}$ 分别是 $a_1, a_2, \cdots, a_n$ 和 $b_1, b_2, \cdots, b_n$ 中的 $\dfrac{n}{2}$ 个奇数. 由完全剩余系知在 $a_1 b_1, a_2 b_2, \cdots, a_n b_n$ 中存在某个 j，使

$$a_j b_j \equiv 2 \ (\bmod \ n)$$

故

$$a_j b_j \equiv 2 \ (\bmod \ 4) \quad \text{且} \quad \frac{n}{2} + 1 \leqslant j \leqslant n \quad (4)$$

但此时 $a_j \equiv b_j \equiv 0 (\bmod \ 2)$,因此式(4)不可能.

当 $4 \nmid n$ 时可设 $n = qm$,这里 $q = p$ 或 $q = 2p$,p 是一个奇素数,$2 \nmid m$. 在 $q = p$ 时

$$\prod_{\substack{j=1 \\ (j,p)=1}}^{p} j = (p-1)! \equiv -1 \ (\bmod \ p) \quad (5)$$

在 $q = 2p$ 时

$$\prod_{\substack{j=1 \\ (j,2p)=1}}^{2p} j = 1 \cdot 3 \cdot 5 \cdot \cdots \cdot (p-2) \cdot (p+2) \cdot$$

$$(p+4) \cdot \cdots \cdot (2p-1) \equiv$$

$$(p-1)! \equiv -1 \ (\bmod \ p) \quad (6)$$

和

$$\prod_{\substack{j=1 \\ (j,2p)=1}}^{2p} j \equiv -1 \ (\bmod \ 2) \quad (7)$$

由(6)和(7)得

$$\prod_{\substack{j=1 \\ (j,2p)=1}}^{2p} j \equiv -1 \ (\bmod \ 2p) \quad (8)$$

由(5)和(8)可得

$$\prod_{\substack{j=1 \\ (a_j,q)=1}}^{n} a_j \equiv \prod_{\substack{j=1 \\ (b_j,q)=1}}^{n} b_j \equiv \prod_{\substack{j=1 \\ (j,q)=1}}^{n} j \equiv \left(\prod_{\substack{j=1 \\ (j,q)=1}}^{q} j \right)^{m} \equiv$$

$$(-1)^{m} = -1 \ (\bmod \ q)$$

如果 $a_1 b_1, a_2 b_2, \cdots, a_n b_n$ 是 n 的一组完全剩余系,则得

$$-1 \equiv \prod_{\substack{j=1 \\ (j,q)=1}}^{n} j \equiv \prod_{\substack{j=1 \\ (a_j b_j,q)=1}}^{n} a_j b_j \equiv$$

$$\prod_{\substack{j=1 \\ (a_j, q)=1}}^{n} a_j \cdot \prod_{\substack{j=1 \\ (b_j, q)=1}}^{n} b_j \equiv 1 \pmod{q} \quad (9)$$

而 $q \nmid 2$，所以 (9) 不可能成立，这就证明了 $a_1 b_1$, $a_2 b_2, \cdots, a_n b_n$ 在 $n > 2$ 时，不能组成 n 的一组完全剩余系.

67. 设 $0 < a_1 \leqslant a_2 \leqslant \cdots \leqslant a_n$ 满足 $a_1 + a_2 + \cdots + a_n = 2n, 2 \mid n, a_n \neq n + 1$，则在其中一定可选出某些数，使它们的和等于 n.

证 作 $n - 1$ 个和式 $s_k = a_1 + a_2 + \cdots + a_k, k = 1, 2, \cdots, n - 1$，则在 $n + 1$ 个数

$$0, a_1 - a_n, s_1, s_2, \cdots, s_{n-1}$$

中至少有两个数对模 n 同余. 现在分四种情形来讨论：

（i）如果 $0 \equiv a_n - a_1 \pmod{n}$，因为

$$a_1 + a_2 + \cdots + a_n = 2n$$
$$a_1 + a_2 + \cdots + a_{n-1} \geqslant n - 1$$

所以

$$a_n = 2n - a_1 - a_2 - \cdots - a_{n-1} \leqslant$$
$$2n - (n - 1) = n + 1$$

而 $a_n \neq n + 1$，故 $a_n \leqslant n$ 或 $-a_n \geqslant -n$，因此 $0 \geqslant a_1 - a_n \geqslant -n + 1$，结合 $a_n - a_1 \equiv 0 \pmod{n}$，推出 $a_1 = a_n$，故 $a_1 = a_2 = \cdots = a_n = 2$. 设 $n = 2m$，则 $a_1, a_2, \cdots, a_n$ 中任意 m 个数的和是 n.

（ii）如果 $s_i \equiv s_k \pmod{n}, 1 \leqslant i < k \leqslant n - 1$，由 $1 \leqslant s_k - s_i \leqslant 2n - 2$，故 $s_k - s_i = n$，即得 $a_{i+1} + \cdots + a_k = n$.

（iii）如果对某个 $k, 1 \leqslant k \leqslant n - 1, s_k \equiv a_1 - a_n \pmod{n}$，当 $k = 1$ 时，$a_n \equiv 0 \pmod{n}$，由 $a_n \leqslant n$，故

只须取 a_n 就有 $a_n = n$;当 $k > 1$ 时

$$a_2 + a_3 + \cdots + a_k + a_n \equiv 0 \pmod{n} \quad (1)$$

而

$$1 \leqslant a_2 + a_3 + \cdots + a_k + a_n < a_1 + a_2 + \cdots + a_n = 2n$$

(1) 给出 $a_2 + a_3 + \cdots + a_k + a_n = n$.

(iv) 如果对某个 $1 \leqslant k \leqslant n - 1, s_k \equiv 0 \pmod{n}$, 由 $1 \leqslant s_k \leqslant 2n - 1$, 故 $s_k = n$.

注 从以上证明可知, 在 n 是奇数时只须加上条件 $a_n \neq 2$, 结论仍然成立.

68. 设 $P = n(n+1)(n+2)(n+3)(n+4)(n+5)(n+6)(n+7)$, $n \geqslant 1$, 则

$$\left[\sqrt[4]{P} \right] = n^2 + 7n + 6$$

证

$$P = n(n+7)(n+1)(n+6)(n+2) \cdot$$
$$(n+5)(n+3)(n+4) =$$
$$(n^2 + 7n + 6 - 6)(n^2 + 7n + 6) \cdot$$
$$(n^2 + 7n + 6 + 4)(n^2 + 7n + 6 + 6) =$$
$$(a - 6)a(a + 4)(a + 6) =$$
$$a^4 + 4a^3 - 36a^2 - 144a =$$
$$a^4 + 4a(a^2 - 9a - 36) =$$
$$a^4 + 4a(a + 3)(a - 12)$$

这里 $a = n^2 + 7n + 6$, 由于 $a > 12$, 故 $a^4 < P$, 另一方面

$$(a + 1)^4 - P = 42a^2 + 148a + 1 > 0$$

于是, 得

$$a^4 < P < (a + 1)^4 \quad (1)$$

故

$$a < \sqrt[4]{P} < a + 1 \qquad (2)$$

由式(2)得出

$$\left[\sqrt[4]{P} \right] = n^2 + 7n + 6$$

注　由(1)知连续 8 个正整数的积 P 不是一个整数的四次方幂.

69. 证明

$$61! + 1 \equiv 0 \pmod{71}$$

和

$$63! + 1 \equiv 0 \pmod{71}$$

证　当 p 是一个奇素数时,有(206 页 §10)

$$(p - 1)! + 1 \equiv 0 \pmod{p} \qquad (1)$$

对于整数 $1 \leqslant r \leqslant p - 1$,有 $p - j \equiv -j \pmod{p}$,取 $j = 1,2,\cdots,r$,再两边相乘,得

$$(p - 1)(p - 2)\cdots(p - r) \equiv (-1)^r r! \pmod{p}$$
$$\qquad (2)$$

如果存在 r,使

$$(-1)^r r! \equiv 1 \pmod{p} \qquad (3)$$

则由(1)(2)(3)可得

$$-1 \equiv (p - 1)! \equiv$$
$$(p - 1) \cdot \cdots \cdot (p - r) \cdot (p - r - 1)! \equiv$$
$$(-1)^r r! (p - r - 1)! \equiv$$
$$(p - r - 1)!$$
$$(p - r - 1)! + 1 \equiv 0 \pmod{p} \qquad (4)$$

现在来解本题,因为当 $p = 71$ 时 7,9 满足(3),即

$$(-1)^7 7! \equiv 1 \pmod{71}$$

和

$$(-1)^9 9! \equiv 1 \pmod{71}$$

所以,由(4) 得出

$$63! + 1 \equiv 0 \pmod{71}$$

和

$$61! + 1 \equiv 0 \pmod{71}$$

注 设 $p = 4n + 3$ 是一个素数,$l = \dfrac{1}{2}(p-1)$,r 是 $1,2,\cdots,l$ 中模 p 的平方非剩余的个数,则 $l! \equiv (-1)^r \pmod{p}$.

70. 设 $p > 3$ 是一个素数,且设

$$1 + \frac{1}{2} + \cdots + \frac{1}{p-1} + \frac{1}{p} = \frac{r}{ps}, \quad (r,s) = 1 \quad (1)$$

则

$$p^3 \mid r - s$$

证 设

$$(x-1)(x-2)\cdots(x-(p-1)) = x^{p-1} - s_1 x^{p-2} + \cdots - s_{p-2}x + s_{p-1} \quad (2)$$

由根与系数的关系,这里

$$s_{p-1} = (p-1)!$$

$$s_{p-2} = (p-1)! \left(1 + \frac{1}{2} + \cdots + \frac{1}{p-1}\right)$$

因

$$x^{p-1} - s_1 x^{p-2} + \cdots - s_{p-2}x + s_{p-1} \equiv x^{p-1} - 1 \pmod{p} \quad (3)$$

而 $s_{p-1} + 1 \equiv 0 \pmod{p}$,故由(3) 得出同余式

$$-s_1 x^{p-2} + \cdots - s_{p-2}x \equiv 0 \pmod{p}$$

有 p 个解,故

$$p \mid (s_1, s_2, \cdots, s_{p-2})$$

在(2) 中令 $x = p$,得

$$p^{p-2} - s_1 p^{p-3} + \cdots + s_{p-3} p - s_{p-2} = 0$$

由于 $p > 3$，故从上式得出

$$s_{p-2} \equiv 0 \pmod{p^2}$$

式(1)给出

$$s_{p-2} = \frac{(p-1)!\,(r-s)}{sp}$$

因为 $s \mid (p-1)!$，且 $p \nmid \dfrac{(p-1)!}{s}$，故由 $s_{p-2} \equiv$

$0 \pmod{p^2}$ 得出整数 $\dfrac{r-s}{p}$ 被 p^2 整除，故 $p^3 \mid r-s$.

71. 设

$$\frac{a_1}{b_1}, \frac{a_2}{b_2}, \cdots, \frac{a_n}{b_n}$$

为 n 个有理数，其中 $(n, \prod_{i=1}^{n} b_i) = 1$，则存在 $1 \leqslant k \leqslant m \leqslant$

n，使得 $\sum_{i=k}^{m} \dfrac{a_i}{b_i}$ 的分子被 n 整除.

证　设 $b = \prod_{i=1}^{n} b_i, c_i = \dfrac{a_i b}{b_i}$，有

$$\sum_{i=k}^{m} \frac{a_i}{b_i} = \sum_{i=k}^{m} \frac{c_i}{b} = \frac{\sum_{i=k}^{m} c_i}{b}$$

由于 $(n, b) = 1$，所以如能证得 $n \bigm| \sum_{i=k}^{m} c_i$，就可推出

$\sum_{i=k}^{m} \dfrac{a_i}{b_i}$ 的分子被 n 整除. 故只须证明存在整数 $1 \leqslant k \leqslant$

$m \leqslant n$ 使 $n \bigm| \sum_{i=k}^{m} c_i$，考虑 n 个整数

$$s_k = \sum_{i=1}^{k} c_i, \quad k = 1, 2, \cdots, n$$

如果模 n 互不同余,则有某个 k 存在,$1 \leqslant k \leqslant n$,使 $n \mid s_k$,故结论成立. 如果有 $1 \leqslant q < m \leqslant n$,使

$$s_q \equiv s_m \pmod{n}$$

故有

$$s_m - s_q \equiv c_{q+1} + \cdots + c_m \equiv 0 \pmod{n}$$

设 $k = q + 1$ 时即有

$$\sum_{i=k}^{m} \frac{a_i}{b_i}$$

的分子被 n 整除.

72. 设 $p > 3$ 是一个素数,且

$$S = \sum_{k=1}^{\left[\frac{2p}{3}\right]} (-1)^{k+1} \frac{1}{k}$$

则 p 整除 S 的分子.

证　由于可以把级数 S 中的偶次项之和写成

$$-\sum_{1 \leqslant 2k < \frac{2p}{3}} \frac{1}{2k}$$

故

$$S = \sum_{1 \leqslant k < \frac{2p}{3}} \frac{1}{k} - 2 \sum_{1 \leqslant 2k < \frac{2p}{3}} \frac{1}{2k} = \sum_{1 \leqslant k < \frac{2p}{3}} \frac{1}{k} - \sum_{1 \leqslant k < \frac{p}{3}} \frac{1}{k} =$$

$$\sum_{\frac{p}{3} < k < \frac{2p}{3}} \frac{1}{k} = \sum_{\frac{p}{3} < k < \frac{p}{2}} \frac{1}{k} + \sum_{\frac{p}{2} < k < \frac{2p}{3}} \frac{1}{k} =$$

$$\sum_{\frac{p}{3} < k < \frac{p}{2}} \frac{1}{k} + \sum_{\frac{p}{3} < k < \frac{p}{2}} \frac{1}{p-k} = \sum_{\frac{p}{3} < k < \frac{p}{2}} \left(\frac{1}{k} + \frac{1}{p-k} \right) =$$

$$p \sum_{\frac{p}{3} < k < \frac{p}{2}} \frac{1}{k(p-k)}$$

由于 $p > 3$ 是素数，$\dfrac{p}{3} < k < \dfrac{p}{2}$ 时，$p \nmid k(p-k)$，故上式分子中因数 p 不会约去，即 p 整除 S 的分子.

73. 设 $0 < k \leqslant \dfrac{n^2}{4}$，且 k 的任一素因数 $p \leqslant n$，则

$$k \mid n! \tag{1}$$

证　设 $p \parallel k$，由于 $p \leqslant n$，故 $p \mid n!$.

现设 $p^{2s} \parallel k, s \geqslant 1$，由于 $k \leqslant \dfrac{n^2}{4}$，故 $n \geqslant 2p^s$. 如果 $p^e \parallel n!$，则有（209 页 §16）

$$e \geqslant \left[\frac{n}{p}\right] \geqslant \left[\frac{2p^s}{p}\right] = 2p^{s-1} \geqslant 2s$$

因此 $p^{2s} \mid n!$.

最后，设 $p^{2s+1} \parallel k$，如果 $4p^s < n, p^e \parallel n!$，则

$$e \geqslant \left[\frac{n}{p}\right] \geqslant 4p^{s-1} > 2s+1$$

故 $p^{2s+1} \mid n!$；如果 $4p^s \geqslant n$，则有

$$4p^s \geqslant n \geqslant 2\sqrt{p}\,p^s, \quad 2 \geqslant \sqrt{p}, \quad 2\sqrt{p} \geqslant p, \quad n \geqslant p^{s+1}$$

于是在 $p^e \parallel n!$ 时

$$e \geqslant \left[\frac{n}{p^{s+1}}\right] + \left[\frac{n}{p^s}\right] + \cdots + \left[\frac{n}{p}\right] \geqslant$$

$$\left[\frac{p^{s+1}}{p^{s+1}}\right] + \cdots + \left[\frac{p^{s+1}}{p}\right] =$$

$$1 + p + \cdots + p^s \geqslant$$

$$1 + 2 + \cdots + 2^s =$$

$$2^{s+1} - 1 \geqslant 2s+1$$

故 $p^{2s+1} \mid n!$. 因此，式（1）成立.

74. 方程
$$k\varphi(n) = n - 1, \quad k \geq 2 \qquad (1)$$
如果有正整数解,则 n 至少是 4 个不同的奇素数的乘积.

证 由于 $n = 1$ 和 2 不是(1)的解,因此,可设 $n > 2$,此时,由 $\varphi(n)$ 的公式不难证明 $2 \mid \varphi(n)$,由(1)可知左边为偶数,则 $2 \nmid n$. 当 p 是素数 $p^2 \mid n$ 或 $p \mid n, q \mid n$, q 是 $pm + 1$ 形状的素数时,由 $\varphi(n)$ 的公式知(1)的左端将被 p 整除而右端不能被 p 整除,这是不可能的,因此,可设 $n = p_1 p_2 \cdots p_s, p_1 < p_2 < \cdots < p_s$,因 $2 \nmid n$,故其中 p_i 是奇素数 $(i = 1, 2, \cdots, s)$,且 p_i 满足前面对 q 的限制,代入(1)得
$$k(p_1 - 1)(p_2 - 1)\cdots(p_s - 1) = p_1 p_2 \cdots p_s - 1 \quad (2)$$
如果 $s \leq 3$,并注意到前面对 q 的限制,则由(2)可得
$$k = \prod_{i=1}^{s} \frac{p_i}{(p_i - 1)} - \frac{1}{\prod_{i=1}^{s}(p_i - 1)} < \frac{3}{2} \cdot \frac{5}{4} \cdot \frac{17}{16} < 2$$
或
$$k < \frac{3}{2} \cdot \frac{11}{10} \cdot \frac{17}{16} < 2$$
或
$$k < \frac{5}{4} \cdot \frac{7}{6} \cdot \frac{11}{10} < 2$$
均与 $k \geq 2$ 矛盾,故 $s \geq 4$.

注 当 n 是素数时,显然有 $\varphi(n) \mid n - 1$;曾经猜想不存在复合数 n,使 $\varphi(n) \mid n - 1$,即(1)无正整数解,这个猜想尚未解决,1962 年,我们曾证明了(1)有解,则 n 至少是 12 个不同的奇素数的乘积.

75. 如有正整数 n 满足

$$\varphi(n+3) = \varphi(n) + 2 \qquad (1)$$

则 $n = 2p^\alpha$ 或 $n+3 = 2p^\alpha$，其中 $\alpha \geq 1, p \equiv 3 \pmod 4$，$p$ 是素数.

证　验证可知 $n = 1, 2$ 不满足式（1）. 可设 $n > 2$，这时如上题说明 $\varphi(n), \varphi(n+3)$ 都是偶数，由（1），$\varphi(n)$ 和 $\varphi(n+3)$ 不能同时被 4 整除，故只能有

$$\varphi(n) \equiv 2 \pmod 4$$

或

$$\varphi(n+3) \equiv 2 \pmod 4$$

令 $n = 2^{\alpha_1} p_2^{\alpha_2} \cdots p_k^{\alpha_k}$，则

$$\varphi(n) = 2^{\alpha_1 - 1} p_2^{\alpha_2 - 1}(p_2 - 1) \cdots p_k^{\alpha_k - 1}(p_k - 1)$$

从中分析可得 $n = 4, n = p^\alpha, 2p^\alpha$ 或 $n+3 = p^\alpha, 2p^\alpha, \alpha \geq 1$，其中都有 $p \equiv 3 \pmod 4$，p 是素数. $n = 4$ 不满足式（1）. 设 $n = p^\alpha$，由（1）得

$$\varphi(p^\alpha + 3) = p^\alpha - p^{\alpha-1} + 2 \qquad (2)$$

设 $2^t \parallel p^\alpha + 3, t \geq 1$，由（2）得

$$p^\alpha - p^{\alpha-1} + 2 = \varphi\left(2^t \cdot \frac{p^\alpha + 3}{2^t}\right) = 2^{t-1} \varphi\left(\frac{p^\alpha + 3}{2^t}\right) \leq$$

$$2^{t-1}\left(\frac{p^\alpha + 3}{2^t} - 1\right) = \frac{p^\alpha + 3}{2} - 2^{t-1}$$

即有

$$p^\alpha - p^{\alpha-1} + 2 \leq \frac{p^\alpha + 3}{2} - 1$$

$$p^\alpha \leq 2p^{\alpha-1} - 3 \quad 或 \quad 3 \leq p^{\alpha-1}(2 - p) \qquad (3)$$

由于 $p > 2$，故式（3）不能成立. 同样可证 $n+3 = p^\alpha$ 时，式（1）不成立，故 $n = 2p^\alpha$ 或 $n+3 = 2p^\alpha$.

注　1962 年，我们曾证明 $n < 2.6 \times 10^{17}$ 时，（1）

无正整数解.

76. 求出满足

$$d(n) = \varphi(n) \tag{1}$$

的全部正整数 n.

解 设 $H(n) = \dfrac{\varphi(n)}{d(n)}$,由 $d(n)$,$\varphi(n)$ 的公式知,当 $(s,t) = 1$ 时,$d(st) = d(s)d(t)$,$\varphi(st) = \varphi(s)\varphi(t)$,故在 $(s,t) = 1$ 时,有 $H(st) = H(s)H(t)$.式(1) 可写为求解

$$H(n) = 1 \tag{2}$$

如果 p,q 是素数,$p > q$,有

$$H(p) = \frac{p-1}{2} > \frac{q-1}{2} = H(q)$$

现在固定 p,对于 $k \geqslant 1$,有

$$\frac{H(p^{k+1})}{H(p^k)} = \frac{p(1+k)}{2+k} \geqslant \frac{2k+2}{2+k} > 1$$

所以在 $k \geqslant 1$ 时,$H(p^{k+1}) > H(p^k)$,由于

$$H(2) = \frac{1}{2}, \quad H(3) = 1, \quad H(5) = 2$$

$$H(2^2) = \frac{2}{3}, \quad H(3^2) = 2$$

$$H(2^3) = 1$$

$$H(2^4) = \frac{8}{5}$$

所以(2) 的全部解是

$$H(1) = 1, \quad H(3) = 1, \quad H(8) = 1$$

$$H(2)H(5) = H(10) = 1, \quad H(2)H(9) = H(18) = 1$$

$$H(3)H(8) = H(24) = 1$$

$$H(2)H(3)H(5) = H(30) = 1$$

即(1) 的全部解是

$$n = 1,3,8,10,18,24,30$$

注　1964 年,我们证明了:对于给定的正整数 a, b,s,t,方程

$$a(d(n))^s = b(\varphi(n))^t$$

只有有限个正整数解 n.

77. 设 p,q 是素数,$a > 0,b > 0$,且 $p^a > q^b$,如果 $p^a \mid \sigma(q^b)\sigma(p^a)$,则

$$p^a = \sigma(q^b)$$

证　由于

$$\sigma(p^a) = 1 + p + \cdots + p^a \equiv 1 \pmod p$$

故 $(p^a,\sigma(p^a)) = 1$,因此当

$$p^a \mid \sigma(q^b)\sigma(p^a)$$

时,可得

$$p^a \mid \sigma(q^b) \tag{1}$$

但另一方面

$$\sigma(q^b) = 1 + q + \cdots + q^b = \frac{q^b - 1}{q - 1} + q^b < 2q^b$$

由 $q^b < p^a$ 得

$$\sigma(q^b) < 2p^a$$

故由式(1) 得

$$p^a = \sigma(q^b)$$

78. 求出满足

$$\varphi(mn) = \varphi(m) + \varphi(n) \tag{1}$$

的全部正整数对 (m,n).

解　设$(m,n)=d$,则从$\varphi(n)$的公式不难有

$$\varphi(mn)=\frac{d\varphi(m)\varphi(n)}{\varphi(d)}$$

由(1)得

$$\varphi(m)+\varphi(n)=\frac{d\varphi(m)\varphi(n)}{\varphi(d)} \qquad (2)$$

设$\dfrac{\varphi(m)}{\varphi(d)}=a,\dfrac{\varphi(n)}{\varphi(d)}=b,a,b$都是正整数,(2)化为

$$\frac{1}{a}+\frac{1}{b}=d \qquad (3)$$

$d>2$时,易证(3)无正整数解,在$d=1$和$d=2$时,(3)分别仅有正整数解$a=b=2$和$a=b=1$. 在$d=1,a=b=2$时,$\varphi(m)=\varphi(n)=2$,得$(m,n)=(3,4),(4,3)$. 在$d=2,a=b=1$时,$\varphi(m)=\varphi(n)=1$,得$(m,n)=(2,2)$.

79. 设$n>0$,满足$24\mid n+1$,则

$$24\mid\sigma(n) \qquad (1)$$

证　由$24\mid n+1$知$n\equiv-1(\bmod 3)$和$n\equiv-1(\bmod 8)$,设因子$d\mid n$,则$3\nmid d,2\nmid d$,可设$d\equiv1,2(\bmod 3),d\equiv1,3,5,7(\bmod 8)$,因为

$$d\,\frac{n}{d}=n\equiv-1\ (\bmod 3)$$

和

$$d\,\frac{n}{d}=n\equiv-1\ (\bmod 8)$$

由此得出

$$d\equiv1\ (\bmod 3),\quad \frac{n}{d}\equiv2\ (\bmod 3)$$

或

72

$$d \equiv 2 \pmod 3, \qquad \frac{n}{d} \equiv 1 \pmod 3$$

和

$$d \equiv 3 \pmod 8, \qquad \frac{n}{d} \equiv 5 \pmod 8$$

或

$$d \equiv 5 \pmod 8, \qquad \frac{n}{d} \equiv 3 \pmod 8$$

或

$$d \equiv 1 \pmod 8, \qquad \frac{n}{d} \equiv 7 \pmod 8$$

或

$$d \equiv 7 \pmod 8, \qquad \frac{n}{d} \equiv 1 \pmod 8$$

每一种情形都有

$$d + \frac{n}{d} \equiv 0 \pmod 3$$

$$d + \frac{n}{d} \equiv 0 \pmod 8$$

故

$$d + \frac{n}{d} \equiv 0 \pmod{24} \qquad\qquad (2)$$

又知 $n \neq k^2, k > 1$, 因为, 否则由 $2 \nmid n, n = k^2 \equiv 1 \pmod 8$ 与 $n \equiv -1 \equiv 7 \pmod 8$ 矛盾. 所以, $d(n)$ 是偶数, d 和 $\frac{n}{d}$ 成对出现, 由(2)便知(1)成立.

80. 设 $a > 0, b > 0, (a, b) = 1$, 则存在 $m > 0, n > 0$, 使得

$$a^m + b^n \equiv 1 \pmod{ab}$$

证 设 $m = \varphi(b), n = \varphi(a)$,由 $(a,b) = 1$,有(见 206 页 §9)

$$a^m \equiv 1 \pmod{b} \tag{1}$$

和

$$b^n \equiv 1 \pmod{a} \tag{2}$$

于是由(1)和(2)

$$a^m + b^n \equiv b^n \equiv 1 \pmod{a} \tag{3}$$

和

$$a^m + b^n \equiv a^n \equiv 1 \pmod{b} \tag{4}$$

由(3)(4)得出

$$a^m + b^n \equiv 1 \pmod{ab}$$

81. 证明存在无穷多个奇数 n,使

$$\sigma(n) > 2n$$

证 由 $945 = 3^3 \cdot 5 \cdot 7$,故

$$\sigma(945) = (1 + 3 + 3^2 + 3^3)(1 + 5)(1 + 7) = 1\,920$$

故

$$\sigma(945) > 2 \cdot 945 = 1\,890$$

设 $n = 945m, 2 \nmid m, (945, m) = 1$,于是

$$\sigma(n) = \sigma(945m) = \sigma(945)\sigma(m) \geqslant \sigma(945)m >$$
$$2 \cdot 945m = 2n$$

所以有无穷多个奇数 n,使

$$\sigma(n) > 2n$$

注 945 是最小的奇正整数使 $\sigma(n) > 2n$.

82. 证明

$$\varphi(n) \geqslant \frac{n}{d(n)}$$

证　设 n 的标准分解式为 $n = p_1^{l_1} p_2^{l_2} \cdots p_s^{l_s}$，故

$$\varphi(n)d(n) = n\left(1 - \frac{1}{p_1}\right)\left(1 - \frac{1}{p_2}\right)\cdots\left(1 - \frac{1}{p_s}\right) \cdot$$

$$(l_1 + 1)(l_2 + 1)\cdots(l_s + 1) \geqslant$$

$$n\left(\frac{1}{2}\right)^s 2^s = n$$

于是得

$$\varphi(n) \geqslant \frac{n}{d(n)}$$

83. 设 $m > 0$，则同余式

$$6xy - 2x - 3y + 1 \equiv 0 \ (\bmod \ m) \qquad (1)$$

有解.

证　可设

$$m = 2^{k-1}(2a - 1), \quad k > 0, \quad a > 0$$

由于

$$3 \mid 2^{2k+1} + 1$$

故可设

$$2^{2k+1} + 1 = 3b$$

又

$$6xy - 2x - 3y + 1 = (2x - 1)(3y - 1)$$

有

$$6ab - 2a - 3b + 1 = (2a - 1)(3b - 1) =$$
$$(2a - 1)2^{2k+1} =$$
$$2^{k+2}(2a - 1)2^{k-1} =$$
$$2^{k+2}m$$

故 $x = a, y = b$ 是(1)的一组解.

注　但是，$6xy - 2x - 3y + 1 = 0$ 没有整数解.

84. 证明对于任意给定的 $n > 0$，存在 $m > 0$，使同余式

$$x^2 \equiv 1 \pmod{m}$$

多于 n 个解.

证 对任意的奇素数 p，同余式

$$x^2 \equiv 1 \pmod{p}$$

有两个解 1 和 $p-1$，设 $m = p_1 p_2 \cdots p_s$，$p_i (i = 1, 2, \cdots, s)$ 是不同的奇素数，则由孙子定理，下列方程组

$$X \equiv a_1 (\mathrm{mod}\ p_1), \quad \cdots, \quad X \equiv a_s (\mathrm{mod}\ p_s)$$
$$a_i = 1 \text{ 或 } p_i - 1, \quad i = 1, 2, \cdots, s$$

有 2^s 个解模 $m = p_1 p_2 \cdots p_s$，设解为 $g_1, g_2, \cdots, g_{2^s}$，它们也是

$$x^2 \equiv 1 \pmod{p_1 p_2 \cdots p_s}$$

的 2^s 个解，而 $m = p_1 p_2 \cdots p_s$，取 s 使 $2^s > n$，即存在 $m > 0$ 使同余式

$$x^2 \equiv 1 \pmod{m}$$

多于 n 个解.

85. 设 $n \equiv 2, 3 \pmod{4}$，则不存在 $1, 2, \cdots, 2n$ 的排列满足

$$a_1, a_2, \cdots, a_n, b_1, b_2, \cdots, b_n$$
$$b_i - a_i = i, \quad i = 1, 2, \cdots, n \tag{1}$$

证 如果存在 $1, 2, \cdots, 2n$ 的某个排列 $a_1, a_2, \cdots, a_n, b_1, b_2, \cdots, b_n$ 满足 (1)，则有

$$\sum_{i=1}^{n} (b_i - a_i) = \sum_{i=1}^{n} i = \frac{n(n+1)}{2} \tag{2}$$

另一方面

$$\sum_{i=1}^{n} (b_i + a_i) = \sum_{i=1}^{2n} i = n(2n+1) \tag{3}$$

由(2) 和(3) 得

$$\sum_{i=1}^{n} b_i = \frac{n(5n+3)}{4} \qquad (4)$$

在 $n \equiv 2,3 \pmod 4$ 时,(4) 的左端是整数,右端不是整数,这是矛盾的,故满足(1) 的排列不存在.

注　在 $n \equiv 0,1 \pmod 4$ 时,存在这样的排列,如

$$n = 4,6,1,2,4,7,3,5,8$$
$$n = 5,2,6,7,1,4,3,8,10,5,9$$

86. 证明

$$\sum_{n=1}^{\infty} \frac{\sigma(n)}{n!}$$

是一个无理数.

证　用反证法. 若 $h = \sum\limits_{n=1}^{\infty} \frac{\sigma(n)}{n!} = \frac{r}{s}$ 是一个有理

数,其中 $(r,s) = 1$. 又设 $p > \max\{s,6\}$ 是一个素数,由

$$h = \sum_{n=1}^{p-1} \frac{\sigma(n)}{n!} + \sum_{n=p}^{\infty} \frac{\sigma(n)}{n!}$$

得

$$(p-1)! \; h = (p-1)! \sum_{n=1}^{p-1} \frac{\sigma(n)}{n!} +$$
$$\sum_{c=0}^{\infty} \frac{\sigma(p+c)}{p(p+1)\cdots(p+c)} \qquad (1)$$

令 $k = \sum\limits_{c=0}^{\infty} \frac{\sigma(p+c)}{p(p+1)\cdots(p+c)}$,由于

$$\frac{\sigma(p)}{p} = 1 + \frac{1}{p}$$

$$\sigma(p+c) < 1 + 2 + \cdots + (p+c) = \frac{1}{2}(p+c)(p+c+1)$$

故

$$1 < k = 1 + \frac{1}{p} + \sum_{c=1}^{\infty} \frac{\sigma(p+c)}{p(p+1)\cdots(p+c)} <$$

$$1 + \frac{1}{p} + \sum_{c=1}^{\infty} \frac{(p+c+1)}{2p(p+1)\cdots(p+c-1)} <$$

$$1 + \frac{1}{p} + \sum_{c=1}^{\infty} \frac{p+2}{2p^c} = 1 + \frac{1}{p} + \frac{p+2}{2(p-1)}$$

因为 $p > 6$,由上式得

$$1 < k < 1 + \frac{1}{p} + \frac{p-1}{p} = 2$$

由于 $(p-1)! \, h$ 和 $(p-1)! \sum_{n=1}^{p-1} \frac{\sigma(n)}{n!}$ 都是整数,而 k

不是整数,故(1)不成立,这便证明了 $\sum_{n=1}^{\infty} \frac{\sigma(n)}{n!}$ 是无理

数.

87. 设 $N > 0$,如果 $\sigma(N) = 2N$,N 叫作一个完全数,证明:

1)平方数不是完全数.

2)如果完全数 N 为无平方因子数(即对于任给的 $a > 1$, $a^2 \nmid N$),则必有 $N = 6$.

证 1)若不然,可设 $N = p_1^{2\alpha_1} p_2^{2\alpha_2} \cdots p_s^{2\alpha_s}$,$\alpha_i \geqslant 0$, p_i 是素数,$i = 1,2,\cdots,s$,$p_1 < p_2 < \cdots < p_s$,故

$$\sigma(N) = (p_1^{2\alpha_1} + \cdots + 1)\cdots(p_s^{2\alpha_s} + \cdots + 1)$$

其中每一个因子 $(p_i^{2\alpha_i} + \cdots + 1)$ 都是奇数,故 $\sigma(N)$ 是奇数. 所以 N 不是完全数.

2)可设 $N = p_1 p_2 \cdots p_s$,p_i 是素数($i = 1,2,\cdots,s$), $p_1 < p_2 < \cdots < p_s$,故

$$\sigma(N) = (p_1 + 1)(p_2 + 1)\cdots(p_s + 1)$$

如果

$$\sigma(N) = 2N \qquad\qquad (1)$$

当 $s=1$ 时，$p_1 + 1 = 2p_1$，得 $p_1 = 1$，不可能. 当 $s \geq 2$ 时，如果 N 是奇数，即 p_i 都是奇素数时，可得 $4 \mid \sigma(N)$ 即 $4 \mid 2N$，与 N 是奇数矛盾. 故 N 必是偶数. 当 $s=2$ 时，得 $N=6$. 当 $s=3$ 时，由于

$$\sigma(N) = 3(p_1 + 1)(p_2 + 1) = 2 \cdot 2p_1 p_2$$

易知无解. 当 $s>3$ 时，由 $8 \mid \sigma(N)$ 得 $4 \mid N$，与假设 N 无平方因子矛盾. 因此 $N=6$.

88. 如果 $n > 0$ 适合

$$\sigma(n) = 2n + 1$$

则 n 是一个奇数的平方.

证　设 $n = 2^{\alpha} p_1^{\alpha_1} p_2^{\alpha_2} \cdots p_k^{\alpha_k}, \alpha \geq 0, p_1 < p_2 < \cdots < p_k, p_i$ 是奇素数，$\alpha_i \geq 0, i = 1, 2, \cdots, k$，由 $\sigma(n)$ 的公式不难知道，当 $(m, n) = 1$ 时，$\sigma(mn) = \sigma(m)\sigma(n)$. 则有

$$\sigma(n) = \sigma(2^{\alpha})\sigma(p_1^{\alpha_1})\sigma(p_2^{\alpha_2})\cdots\sigma(p_k^{\alpha_k}) = 2n + 1$$

$$(1)$$

因为

$$\sigma(p_i^{\alpha_i}) = 1 + p_i + \cdots + p_i^{\alpha_i}$$

由式（1）右边是奇数，可知必须有 α_i 是偶数才能使所有 $\sigma(p_i^{\alpha_i})$ 是奇数，故 $2 \mid \alpha$. 故可设 $n = 2^{\alpha}M^2, 2 \nmid M$，代入 $\sigma(n) = 2n + 1$ 得

$$\sigma(n) = 2^{\alpha+1}M^2 + 1 \qquad\qquad (2)$$

而

$$\sigma(2^{\alpha}M^2) = \sigma(2^{\alpha})\sigma(M^2) = (2^{\alpha+1} - 1)\sigma(M^2)$$

代入（2）得

$$(2^{\alpha+1} - 1)\sigma(M^2) = 2^{\alpha+1}M^2 + 1 =$$

$$(2^{\alpha+1} - 1)M^2 + M^2 + 1 \quad (3)$$

对(3)取模 $2^{\alpha+1} - 1$ 可得

$$M^2 + 1 \equiv 0 \pmod{2^{\alpha+1} - 1} \quad (4)$$

如果 $\alpha > 0, 2^{\alpha+1} - 1 \equiv 3 \pmod 4$,则至少有一个 $2^{\alpha+1} - 1$ 的素因数 p 存在且 $p \equiv 3 \pmod 4$. 由(4),有

$$M^2 + 1 \equiv 0 \pmod p$$

上式与 $\left(\dfrac{-1}{p}\right) = -1$ 矛盾,故 $\alpha = 0, n = M^2$.

89. 设 $n > 1$,则

$$2^n - 1 \nmid 3^n - 1$$

证 设 $A_n = 2^n - 1, B_n = 3^n - 1$,对于 $2 \mid n$ 时,由 $3 \mid A_n$,而 $3 \nmid B_n$,故

$$A_n \nmid B_n$$

现设 $n = 2m - 1$,可得

$$A_n \equiv -5 \pmod{12} \quad (1)$$

因为每一个素数 $p > 3$,是满足以下同余式

$$p \equiv 1 \pmod{12}, \quad p \equiv -1 \pmod{12}$$
$$p \equiv 5 \pmod{12}, \quad p \equiv -5 \pmod{12}$$

中的一个. 由式(1),至少存在一个 A_n 的素因数 $q, q \equiv \pm 5 \pmod{12}$,如果 $A_n \mid B_n$,则由 $q \mid A_n$ 得 $q \mid B_n$,故

$$q \mid 3B_n = 3^{n+1} - 3$$

即

$$3^{2m} \equiv 3 \pmod q$$

故得 $\left(\dfrac{3}{q}\right) = 1$,此与 $q \equiv \pm 5 \pmod{12}$ 矛盾.

90. 设 $n > 1$,则

$$n \nmid 2^n - 1 \qquad\qquad (1)$$

证　如果(1)不成立,则

$$n \mid 2^n - 1 \qquad\qquad (2)$$

设 p 是 n 的素因数中最小的, δ 是 2 模 p 的次数,因为 $p > 1$,故 $\delta > 1$. 另一方面,由(2)得

$$p \mid 2^n - 1$$

故 $\delta \mid n$. 又由于 p 是奇素数,所以

$$p \mid 2^{p-1} - 1$$

上式得出

$$1 < \delta \le p - 1 < p$$

因此有素数 p_1,使 $p_1 \mid \delta$

$$1 < p_1 \le \delta < p$$

而 $p_1 \mid n$,与 p 的选择矛盾.

91. 设 p 是素数, $p > 3$, $n = \dfrac{2^{2p} - 1}{3}$,则

$$2^n - 2 \equiv 0 \pmod{n} \qquad\qquad (1)$$

证　由

$$n - 1 = \frac{2^{2p} - 1}{3} - 1 = \frac{4(2^{p-1} + 1)(2^{p-1} - 1)}{3}$$

得

$$3(n - 1) = 4(2^{p-1} + 1)(2^{p-1} - 1) \qquad\qquad (2)$$

因 $p > 3$, $p \mid 2^{p-1} - 1$,由(2)得

$$2p \mid n - 1 \qquad\qquad (3)$$

再由(3)可推得

$$2^{2p} - 1 \mid 2^{n-1} - 1 \qquad\qquad (4)$$

而 $n \mid 2^{2p} - 1$,由式(4)得

$$n \mid 2^{n-1} - 1$$

故式(1)成立.

92. 设 p 是一个奇素数,求同余式

$$x^{p-1} \equiv 1 \pmod{p^s}, \quad s \geqslant 1 \tag{1}$$

的全部解.

解 设 g 是 p^s 的一个元根. 如果 $1 \leqslant i < j \leqslant p - 1$

$$g^{ip^{s-1}} \equiv g^{jp^{s-1}} \pmod{p^s}$$

则

$$g^{ip^{s-1}}(g^{(j-i)p^{s-1}} - 1) \equiv 0 \pmod{p^s}$$

故

$$g^{(j-i)p^{s-1}} \equiv 1 \pmod{p^s} \tag{2}$$

由于 g 是 p^s 的元根,式(2)得出

$$p^{s-1}(p-1) \mid (j-i)p^{s-1}$$

由上式可得 $p - 1 \mid j - i$,与 $1 \leqslant i < j \leqslant p - 1$ 矛盾,因此

$$g^{np^{s-1}}, \quad n = 1, 2, \cdots, p - 1 \tag{3}$$

中 $p - 1$ 个数模 p^s 互不同余. 又由

$$(g^{np^{s-1}})^{p-1} = g^{n(p-1)p^{s-1}} \equiv 1 \pmod{p^s}$$

故(3)给出(1)的 $p - 1$ 个解. 又因(1)的解的个数不超过 $p - 1$,所以(3)是(1)的全部解.

93. 设 $n > 1, m > 1$ 满足

$$1^n + 2^n + \cdots + m^n = (m + 1)^n \tag{1}$$

则有:

1)p 是 m 的任一素因数时,$p - 1 \mid n$.

2)$m = p_1 p_2 \cdots p_s, i \neq j$ 时,$p_i \neq p_j$,且有

$$\frac{m}{p_i} + 1 \equiv 0 \pmod{p_i}, \quad i = 1, 2, \cdots, s \tag{2}$$

证 当 $p = 2$ 时,有 $p - 1 \mid n$. 设 p 是奇素数,它的

元根为 g,则式(1) 取模 p 可得

$$\frac{m}{p}\sum_{i=0}^{p-2}(g^n)^i \equiv 1\ (\mathrm{mod}\ p) \tag{3}$$

如果 $p - 1 \nmid n$,则 $p \nmid g^n - 1$,故存在 t 使

$$(g^n - 1)t \equiv 1\ (\mathrm{mod}\ p)$$

于是(3) 得出

$$\frac{m}{p}t(g^{n(p-1)} - 1) \equiv 1\ (\mathrm{mod}\ p) \tag{4}$$

而 $g^{n(p-1)} \equiv 1(\mathrm{mod}\ p)$,故式$(4)$ 不能成立,这就证明了 $1)$.

2) 如果 $4 \mid m$,式(1) 左端为偶数,右端为奇数,故不能成立. 现设 $p^2 \mid m, p$ 是奇素数,此时由(3) 得出矛盾结果 $0 \equiv 1(\mathrm{mod}\ p)$,故 $m = p_1 p_2 \cdots p_s$,当 $i \neq j$ 时,$p_i \neq p_j$. 在 $p_i = 2$ 时,式(2) 成立. 现设 p_i 是奇素数,而 $p_i - 1 \mid n$,(3) 得出

$$1 \equiv \frac{m}{p_i}(p_i - 1) \equiv -\frac{m}{p_i}\ (\mathrm{mod}\ p_i),\quad i = 1,2,\cdots,s$$

故(2) 成立.

注　曾猜测(1) 不能成立,但尚未解决. 我们曾证明当 $1 \leqslant s \leqslant 6$ 时,(2) 有解.

94. 设 $n > 0$,对任意的 $x,y,(x,y) = 1$,则
$$x^{2^n} + y^{2^n}$$
的每一个奇因数具有形状 $2^{n+1}k + 1, k > 0$.

证　只须证明 $x^{2^n} + y^{2^n}$ 的每一个奇素因数具有形状 $2^{n+1}k + 1$. 设

$$x^{2^n} + y^{2^n} \equiv 0\ (\mathrm{mod}\ p) \tag{1}$$

$p > 2$ 是素数,由于 $(x,y) = 1$,可设 $p \nmid x, p \nmid y$,于是存在整数 $y', p \nmid y'$,使得

$$yy' \equiv 1 \pmod{p}$$

从式(1)得

$$(y'x)^{2^n} \equiv -1 \pmod{p} \qquad (2)$$

设 $y'x$ 模 p 的次数是 l,由(2)得

$$(y'x)^{2^{n+1}} \equiv 1 \pmod{p}$$

故 $l \mid 2^{n+1}, l = 2^s, 1 \leqslant s \leqslant n+1$. 如果 $s < n+1$,由(2)得 $1 = -1 \pmod{p}$,与 $p > 2$ 矛盾. 所以 $l = 2^{n+1}$,而 $(y'x, p) = 1$

$$(y'x)^{p-1} \equiv 1 \pmod{p} \qquad (3)$$

由(3)得

$$2^{n+1} \mid p - 1$$

即 p 具有形状 $p = 2^{n+1}k + 1, k \geqslant 1$.

95. 设 $F_n = 2^{2^n} + 1, n > 1$,则 F_n 的任一素因数 p 具有形状 $p = 2^{n+2}k + 1, k > 0$.

证 因为

$$2^{2^n} \equiv -1 \pmod{p}$$

由 94 题的结果,可设

$$p = 2^{n+1}h + 1, \quad h > 0 \qquad (1)$$

由 $n > 1$,式(1)推出 $p \equiv 1 \pmod 8$,故 $\left(\dfrac{2}{p}\right) = 1, 2^{\frac{p-1}{2}} \equiv 1 \pmod{p}$,故

$$1 \equiv 2^{2^n h} \equiv (-1)^h \pmod{p}$$

故 $h \equiv 0 \pmod 2$. 设 $h = 2k$,便得 $p = 2^{n+2}k + 1$.

96. 设 $n = 2^h + 1, h > 1$,则 n 是素数的充分必要条件是

$$3^{\frac{n-1}{2}} \equiv -1 \pmod{n} \qquad (1)$$

证　如果 $n = 2^h + 1, h > 1, n$ 是素数, 则 $n \equiv 1(\bmod 4), h \equiv 0(\bmod 2)$

$$\left(\frac{3}{2^h + 1}\right) = \left(\frac{2^h + 1}{3}\right) = \left(\frac{2}{3}\right) = -1$$

故 (1) 成立.

反过来, 如果 (1) 成立, 即得 $3^{n-1} \equiv 1(\bmod n)$. 设 3 对模 n 的次数是 l, 则有 $l \mid n - 1 = 2^h$. 设 $l < n - 1$, 可设 $l = 2^\lambda, \lambda \leqslant h - 1$, 与 (1) 矛盾, 故 $l = n - 1$. 又由 $3 \nmid n, 3^{\varphi(n)} \equiv 1(\bmod n)$, 得 $n - 1 \mid \varphi(n)$, 于是 $\varphi(n) = n - 1, n$ 是素数.

97. 设 $p \neq 2, 3, 5, 11, 17$ 是一个素数, 则存在 p 的三个不同的二次剩余 r_1, r_2, r_3, 使得

$$r_1 + r_2 + r_3 \equiv 0 \ (\bmod p) \tag{1}$$

证　当 $p = 7$ 时, $1 + 2 + 4 \equiv 0(\bmod 7)$; 当 $p = 13$ 时

$$\left(\frac{3}{13}\right) = 1, \quad 1 + 3 + 9 \equiv 0 \ (\bmod 13)$$

故当 $p = 7, 13$ 时, 式 (1) 成立. 设 $p \geqslant 19$.

当 $\left(\dfrac{-1}{p}\right) = -1$ 时, 若 $\left(\dfrac{2}{p}\right) = -1$, 则 $\left(\dfrac{8}{p}\right) = -1, n = 4, 5, 6, 7$ 当中有一个值使

$$\left(\frac{n}{p}\right) = 1, \quad \left(\frac{n+1}{p}\right) = -1$$

成立, 而 $\left(\dfrac{-(n+1)}{p}\right) = 1, 1, n, -n - 1$ 都是模 p 的二次剩余, 且当 n 为 $4, 5, 6, 7$ 中某数时, 由 $p \geqslant 19$ 知, $1, n, -n - 1$ 中任意两个都模 p 不同余, 由 $1 + n + (-1 - n) \equiv 0(\bmod p)$ 知, 式 (1) 成立.

当 $\left(\dfrac{-1}{p}\right) = -1$ 时,若 $\left(\dfrac{2}{p}\right) = 1$,则设 n 是最小的正整数使

$$\left(\dfrac{n+1}{p}\right) = -1 \qquad\qquad (2)$$

即当 $1 \leqslant i \leqslant n$ 时,$\left(\dfrac{i}{p}\right) = 1$,而恰有 $\dfrac{p-1}{2}$ 个二次剩余,所以 $n \leqslant \dfrac{p-1}{2}$. 若 $n = \dfrac{p-1}{2}$,则

$$2(n+1) = p+1$$

$$1 = \left(\dfrac{p+1}{p}\right) = \left(\dfrac{2(n+1)}{p}\right) = \left(\dfrac{n+1}{p}\right)$$

与(2)矛盾,所以 $n < \dfrac{p-1}{2}$,于是 $1, n, -n-1$ 中任意两个都模 p 不同余,由 $1 + n + (-1-n) \equiv 0 \pmod{p}$ 知(1)成立.

当 $\left(\dfrac{-1}{p}\right) = 1$ 时,若 $\left(\dfrac{5}{p}\right) = 1$,则

$$1 + 4 + (-5) \equiv 0 \pmod{p} \qquad\qquad (3)$$

若 $\left(\dfrac{10}{p}\right) = 1$,则

$$1 + 9 + (-10) \equiv 0 \pmod{p} \qquad\qquad (4)$$

如 $\left(\dfrac{10}{p}\right) = \left(\dfrac{5}{p}\right) = -1$,由 $-1 = \left(\dfrac{2 \cdot 5}{p}\right) = \left(\dfrac{2}{p}\right)\left(\dfrac{5}{p}\right) = -\left(\dfrac{2}{p}\right)$,得 $\left(\dfrac{2}{p}\right) = 1$,$\left(\dfrac{8}{p}\right) = 1$,故

$$1 + 8 + (-9) \equiv 0 \pmod{p} \qquad\qquad (5)$$

由于 $p \geqslant 19$,在(3)(4)(5)中的三个数都分别是模 p 的不同的二次剩余,故式(1)成立.

注 如果 r 是模 p 的一个二次非剩余,则 $\left(\dfrac{rr_i}{p}\right) =$

$-1, i = 1, 2, 3$, 所以也存在模 p 的三个不同的二次非剩余 R_1, R_2, R_3, 使

$$R_1 + R_2 + R_3 = 0 \ (\bmod \ p)$$

98. 设 $q = 2h + 1$ 是一个素数, $q \equiv 7 \ (\bmod \ 8)$, 则

$$\sum_{n=1}^{h} n\left(\frac{n}{q}\right) = 0$$

证　因为 $q \equiv 7 \ (\bmod \ 8)$, 故 $\left(\dfrac{2}{q}\right) = 1, \left(\dfrac{-1}{q}\right) = -1$, 所以

$$\sum_{n=1}^{q-1} n\left(\frac{n}{q}\right) = \sum_{n=1}^{h} n\left(\frac{n}{q}\right) + \sum_{n=h+1}^{2h} n\left(\frac{n}{q}\right) =$$

$$\sum_{n=1}^{h} n\left(\frac{n}{q}\right) + \sum_{n=1}^{h} (q - n)\left(\frac{q-n}{q}\right) =$$

$$2\sum_{n=1}^{h} n\left(\frac{n}{q}\right) - q\sum_{n=1}^{h} \left(\frac{n}{q}\right)$$

另一方面

$$\sum_{n=1}^{q-1} n\left(\frac{n}{q}\right) = \sum_{n=1}^{h} 2n\left(\frac{2n}{q}\right) + \sum_{n=1}^{h} (q - 2n)\left(\frac{q-2n}{q}\right) =$$

$$4\sum_{n=1}^{h} n\left(\frac{n}{q}\right) - q\sum_{n=1}^{h} \left(\frac{n}{q}\right)$$

故有

$$\sum_{n=1}^{h} n\left(\frac{n}{q}\right) = 0$$

99. 设 $m^2 > 1$, 则对任意的 n, m

$$\frac{4n^2 + 1}{m^2 + 2}, \quad \frac{4n^2 + 1}{m^2 - 2}, \quad \frac{n^2 - 2}{2m^2 + 3}, \quad \frac{n^2 + 2}{3m^2 + 4}$$

没有一个是整数.

证 由于 $4n^2 + 1$ 是奇数, 如果 $\dfrac{4n^2 + 1}{m^2 \pm 2}$ 是整数, 则分别得

$$4n^2 + 1 \equiv 0 \ (\bmod \ m^2 + 2) \tag{1}$$

和

$$4n^2 + 1 \equiv 0 \ (\bmod \ m^2 - 2) \tag{2}$$

故 $m \equiv 1 (\bmod \ 2), m^2 \pm 2 \equiv 3 (\bmod \ 4)$. 在 $m^2 > 1$ 时, $m^2 \pm 2$ 至少有一个素因数 $p, p \equiv 3 (\bmod \ 4)$, 由 (1) 和 (2) 得

$$(2n)^2 + 1 = 4n^2 + 1 \equiv 0 \ (\bmod \ p)$$

与 $\left(\dfrac{-1}{p}\right) = -1$ 矛盾.

如果 $\dfrac{n^2 - 2}{2m^2 + 3}$ 和 $\dfrac{n^2 + 2}{3m^2 + 4}$ 是整数, 则分别得

$$n^2 - 2 \equiv 0 \ (\bmod \ 2m^2 + 3) \tag{3}$$

和

$$n^2 + 2 \equiv 0 \ (\bmod \ 3m^2 + 4) \tag{4}$$

由于 $2m^2 + 3 \equiv \pm 3 (\bmod \ 8)$, 故 $2m^2 + 3$ 至少有一个素因数 $q, q \equiv 3 (\bmod \ 8)$ 或 $q \equiv 5 (\bmod \ 8)$, 由 (3) 得

$$n^2 - 2 \equiv 0 \ (\bmod \ q)$$

这与 $\left(\dfrac{2}{q}\right) = -1$ 矛盾.

当 $2 \mid m$ 时, $3m^2 + 4 \equiv 0 (\bmod \ 4)$, 由 (4) 得出 $n \equiv 0 (\bmod \ 2), n^2 + 2 \equiv 2 (\bmod \ 4)$, 故 (4) 不可能成立. 当 $2 \nmid m$ 时, $3m^2 + 4 \equiv 7 (\bmod \ 8)$, 则 $3m^2 + 4$ 至少有一个素因数 $q, q \equiv 5 (\bmod \ 8)$ 或 $q \equiv 7 (\bmod \ 8)$, 由 (4) 得

$$n^2 + 2 \equiv 0 \ (\bmod \ q)$$

与 $\left(\dfrac{-2}{q}\right) = -1$ 矛盾. 这就证明了我们的结论.

100. 设 $p = 4n + 1$ 是一个素数,证明

$$\sum_{k=1}^{\frac{p-1}{2}} \left[\frac{k^2}{p} \right] = \frac{(p-1)(p-5)}{24}$$

证   已知 $1, 2^2, \cdots, \left(\frac{p-1}{2} \right)^2$ 是模 p 的全部二次剩余,由带余除法

$$k^2 = p\left[\frac{k^2}{p} \right] + r_k, \quad 0 < r_k < p, \quad k = 1, 2, \cdots, \frac{p-1}{2}$$

则 $r_k (k = 1, 2, \cdots, \frac{p-1}{2})$ 是模 p 在 $1, 2, \cdots, p-1$ 中的二次剩余,因此

$$\sum_{k=1}^{\frac{p-1}{2}} r_k = \sum_{k=1}^{\frac{p-1}{2}} k^2 - p\sum_{k=1}^{\frac{p-1}{2}} \left[\frac{k^2}{p} \right] = \frac{p(p^2-1)}{24} - p\sum_{k=1}^{\frac{p-1}{2}} \left[\frac{k^2}{p} \right]$$

$$(1)$$

另一方面

$$\left(\frac{p-r_k}{p} \right) = 1, \quad 0 < p - r_k < p, \quad k = 1, 2, \cdots, \frac{p-1}{2}$$

故

$$\sum_{k=1}^{\frac{p-1}{2}} r_k = \sum_{k=1}^{\frac{p-1}{2}} (p - r_k)$$

即得

$$\sum_{k=1}^{\frac{p-1}{2}} r_k = \frac{p(p-1)}{4} \qquad (2)$$

把 (2) 代入 (1),因 $24 \mid p^2 - 1$,得

$$\sum_{k=1}^{\frac{p-1}{2}} \left[\frac{k^2}{p} \right] = \frac{(p-1)(p-5)}{24}$$

101. 证明不定方程

$$4xyz - x - y - t^2 = 0 \tag{1}$$

无正整数解 x, y, z, t.

证 由方程（1）可得

$$(4xz - 1)(4yz - 1) = 4zt^2 + 1 \tag{2}$$

如果方程（1）有正整数解，则由式（2）推出

$$(2zt)^2 \equiv -z \bmod (4yz - 1) \tag{3}$$

设 $z = 2^{\alpha} z', \alpha \geqslant 0$ 是整数，z' 是奇数. 于是，Jacobi 符号

$$\left(\frac{-z}{4yz-1}\right) = \left(\frac{-1}{4yz-1}\right)\left(\frac{2^{\alpha}}{4yz-1}\right)\left(\frac{z'}{4yz-1}\right) =$$

$$(-1)\left(\frac{2}{4yz-1}\right)^{\alpha} \cdot$$

$$(-1)^{\left(\frac{4yz-2}{2}\right)\left(\frac{z'-1}{2}\right)}\left(\frac{4yz-1}{z'}\right) =$$

$$(-1)(-1)^{\left(\frac{z'-1}{2}\right)}\left(\frac{-1}{z'}\right) =$$

$$-1$$

与式（3）矛盾，故方程（1）无正整数解.

102. 设正整数 ξ 和 η 是 Pell 方程

$$x^2 - Dy^2 = 1 \tag{1}$$

的一组解，且满足

$$\xi > \frac{1}{2}\eta^2 - 1 \tag{2}$$

则 (ξ, η) 是方程（1）的基本解.

证 设 (x_0, y_0) 是方程（1）的基本解，$\varepsilon = x_0 + y_0\sqrt{D}$，则有

$$\xi + \eta \sqrt{D} = \varepsilon^n, \quad n > 0 \qquad (3)$$

故

$$\xi = \frac{\varepsilon^n + \bar{\varepsilon}^n}{2}, \quad \eta = \frac{\varepsilon^n - \bar{\varepsilon}^n}{2\sqrt{D}}, \quad \bar{\varepsilon} = x_0 - y_0\sqrt{D} \quad (4)$$

由式(2) 和式(4) 得

$$\xi = \frac{\varepsilon^n + \bar{\varepsilon}^n}{2} > \frac{1}{2}\eta^2 - 1 = \frac{\varepsilon^{2n} + \bar{\varepsilon}^{2n} - 2}{8D} - 1$$

即得

$$4D(\varepsilon^n + \bar{\varepsilon}^n) > \varepsilon^{2n} + \bar{\varepsilon}^{2n} - 2 - 8D$$

$$(\varepsilon^n + \bar{\varepsilon}^n)^2 - 4D(\varepsilon^n + \bar{\varepsilon}^n) - 8D - 4 < 0$$

$$(\varepsilon^n + \bar{\varepsilon}^n + 2)(\varepsilon^n + \bar{\varepsilon}^n - (4D + 2)) < 0$$

故

$$\varepsilon^n + \bar{\varepsilon}^n < 4D + 2 \qquad (5)$$

然而,当 $n \geqslant 2$ 时,有

$$\varepsilon^n + \bar{\varepsilon}^n \geqslant \varepsilon^2 + \bar{\varepsilon}^2 = 2(x_0^2 + Dy_0^2) =$$

$$2(2Dy_0^2 + 1) \geqslant 4D + 2$$

与式(5) 矛盾. 故得

$$n = 1$$

由式(3) 推出

$$\varepsilon = \xi + \eta\sqrt{D}$$

注　此题的另一证明,可参阅文献[1],[2].

Pell 方程的基本解与二次域的基本单位数,有着密切联系;在本书中我们还将看到用 Pell 方程来解高次不定方程的例子. 20 世纪 20 年代末,Perron 曾得到有关 Pell 方程的一个经典结果:设 $D > 2$ 是一个无平方因子的整数,则在下面三个不定方程中,至多有一个方程有整数解

$$x^2 - Dy^2 = -1, \quad x^2 - Dy^2 = 2, \quad x^2 - Dy^2 = -2$$
（6）

Yokoi 在研究类数为 1 的实二次域 $Q(\sqrt{D})$ 时,引进了一些新的 D – 不变量,及其与式(6)中三个方程可解性之间的关系,同时提出了一个猜想(参阅文献[3]).1996 年,袁平之把 Perron 的结果推广到广义 Pell 方程 $kx^2 - ly^2 = 1,2,k > 1,l > 0,(k,l) = 1$,并证明了 Yokoi 提出的猜想(参阅文献[4]).

关于广义 Pell 方程的基本性质及其应用,可参阅文献[5],[6].

[1] 柯召,孙琦. 谈谈不定方程[M]. 上海:上海教育出版社,1980;哈尔滨:哈尔滨工业大学出版社,2011.

[2] 曹珍富. 丢番图方程引论[M]. 哈尔滨:哈尔滨工业大学出版社,2012.

[3] YOKOI H. New invariants and class number problem in quadratic fields[J]. Nagoya Math. J., 1993,132:175 –197.

[4] YUAN Pingzhi. D-invariants and the solvability of $kx^2 - ly^2 = 1, 2$[J]. Japanese: J. of Math., 1996(2): 355 – 361.

[5] 孙琦,袁平之. 关于丢番图方程 $\dfrac{ax^n - 1}{ax - 1} = y^2$ 和 $\dfrac{ax^n + 1}{ax + 1}$[J]. 四川大学学报(自然科学版),1989(26):20 – 24.

[6] 曹珍富. 不定方程及其应用[M]. 上海:上海交通

大学出版社,2000.

103. 证明:设 p 是一个素数, $p \equiv 1\pmod 4$,则 Pell 方程

$$x^2 - py^2 = -1 \tag{1}$$

有整数解 x, y .

证　设 (x_0, y_0) 是 $x^2 - py^2 = 1$ 的基本解. 显然, x_0 , y_0 是一奇一偶. 如果 x_0 是偶数, y_0 是奇数,则有

$$x_0^2 - py_0^2 = 1$$

取模 4 得矛盾结果 $-1 \equiv 1\pmod 4$. 因此,只能是 x_0 是奇数, y_0 是偶数. 由 $\dfrac{x_0 + 1}{2}$ 与 $\dfrac{x_0 - 1}{2}$ 相差 1 知

$$\left(\frac{x_0 + 1}{2}, \frac{x_0 - 1}{2} \right) = 1$$

再由

$$\frac{x_0 - 1}{2} \cdot \frac{x_0 + 1}{2} = \frac{x_0^2 - 1}{4} = \frac{py_0^2}{4} = p\left(\frac{y_0}{2} \right)^2$$

得

$$\frac{x_0 - 1}{2} = pu^2, \quad \frac{x_0 + 1}{2} = v^2$$

$$y_0 = 2uv, \quad v > 0, \quad u > 0 \tag{2}$$

或

$$\frac{x_0 - 1}{2} = u^2, \quad \frac{x_0 + 1}{2} = pv^2$$

$$y_0 = 2uv, \quad v > 0, \quad u > 0 \tag{3}$$

式(2) 给出

$$v^2 - pu^2 = 1$$

而 $u = \dfrac{y_0}{2v} < y_0$,与 y_0 最小矛盾. 式(3) 给出

$$u^2 - pv^2 = -1$$

故 Pell 方程(1) 有整数解 $x = u, y = v$.

注 Pell 方程(1) 的全部整数解 x, y, 由

$$x + y\sqrt{p} = \pm(u + v\sqrt{p})^{2n+1}$$

给出, 其中 n 取任意整数, u, v 由式(3) 给出. 102 题和 103 题是 Pell 方程的两个基本性质, 最早出现在 Nagell 的一本名著中, 参见[1]. 102 题所引的文献[1] 和[2] 也曾编入.

[1] NAGELL T. Introduction to Number Theory. Almqvist and Wiksen, Stockholm; John Wiley and Sons Inc. , New York, 1959.

104. 证明不定方程

$$x^2 + x = y^4 + y^3 + y^2 + y \tag{1}$$

仅有 6 组整数解 $(x, y) = (0, -1), (-1, -1),$ $(0, 0), (-1, 0), (5, 2), (-6, 2)$.

证 在方程(1) 的两边乘以 4, 再加 1, 可得

$$(2x + 1)^2 = (2y^2 + y)^2 + 3y^2 + 4y + 1 =$$
$$(2y^2 + y + 1)^2 - (y^2 - 2y) \tag{2}$$

易知, 如果 y 是整数且不等于 $-1, 0, 1$ 和 2, 则

$$3y^2 + 4y + 1 = (3y + 1)(y + 1) > 0$$

和

$$y^2 - 2y > 0$$

同时成立, 由式(2) 即得

$$(2y^2 + y)^2 < (2x + 1)^2 < (2y^2 + y + 1)^2 \tag{3}$$

这表明, $(2x + 1)^2$ 在两个连续的平方数之间. 当 x 是整数时, 式(3) 不成立. 这就证明了在 $y \neq -1, 0, 1, 2$ 时,

方程(1) 无整数解 x,y. 于是, 在方程(1) 中令 $y = -1,0,1,2$, 除 $y = 1$ 无解外, $y = -1,0$ 和 2 得到题中仅有的 6 组解.

　　注　这个题目源于一个著名的数论问题: 设 p,q 是两个不同的素数, 求不定方程

$$\frac{x^p - 1}{x - 1} = \frac{y^q - 1}{y - 1}$$

的整数解. 当 $p = 3, q = 5$ 时, 此问题就退化为本题. 更多研究可参看文献[1].

[1]　曹珍富. 不定方程及其应用[M]. 上海: 上海交通大学出版社, 2000.

　　105. 设 p 是一个素数, 而且把它的各位数字交换后仍是素数, 则称 p 是一个绝对素数. 证明: 绝对素数不能有多于 3 个不同的数字.

　　证　显然, 能组成绝对素数的数字只可能有 1, 3, 7, 9. 由计算知

1 379, 3 179, 9 137, 7 913, 1 397, 3 197, 7 139

是模 7 的一组完全剩余系. 故对任给的整数 M, 数组

$M + 1\,379, M + 3\,179, M + 9\,137, M + 7\,913,$

　　　$M + 1\,397, M + 3\,197, M + 7\,139$　　　(1)

也是模 7 的一组完全剩余系, 即知数组(1) 中恰有一个被 7 整除. 这就证明了绝对素数不能有多于 3 个不同的数字.

　　106. 求出所有的正整数, 使得其中每一个都等于这个数本身因数个数的平方.

证 显然,1 满足要求. 现设 $n > 1$

$$n = p_1^{\alpha_1} \cdots p_l^{\alpha_l}$$

是 n 的标准分解式. 令 $m = d(n)$, $d(n)$ 表示 n 的因子的个数, 熟知, $m = (\alpha_1 + 1) \cdots (\alpha_l + 1)$. 设 $n = m^2$, 可得 α_i, $i = 1, \cdots, l$ 均为偶数, 故 $m > 1$ 是一个奇数, 设 $m = 2k + 1 (k > 0)$. n 的因子除去 m 外, n 的任一对因子 a_i, $\dfrac{n}{a_i}$, 其中恰有一个, 不妨设为 a_i, $a_i < m$, $i = 1, \cdots, k$, 它们正好是小于 m 的全体奇数 $1, 3, \cdots, 2k - 1$, 故 $2k - 1$ 整除 n. 而

$$n = m^2 = (2k + 1)^2 = (2k - 1)^2 + 8k$$

由此推出 $2k - 1$ 整除 k. 此时仅当 $k = 1$, 即 $n = 9$ 才成立. 而 $n = 9$ 时, 满足题目的要求. 这就证明了仅当 $n = 1$ 和 9 时, $n = d^2(n)$ 成立.

注 著名数学问题的特例经常会成为数学竞赛试题.

第 104, 105, 106 三题分别选自"全苏数学奥林匹克试题"第 89, 386, 426 三题[1]. 其中第 89 题较难, 解题方法是一种常用的平方数处理手段, 我们采用了该书的解答. 对于第 386, 426 题, 该书只给出简单的提示, 我们给出了详细解答, 并改正了第 386 题提示中一处错误: "而对任意的 M, 数 $M + 1\,379$, $M + 3\,179$, $M + 9\,137$, $M + 7\,913$, $M + 1\,397$, $M + 3\,197$, $M + 7\,139$ 都能被 7 整除", 应改为"恰有一个数被 7 整除".

[1] ВАСИЛЬЕВ Н Б, ЕГОРОВ А А, 著. 李墨卿, 等译. 济南: 山东教育出版社, 1990.

107. 设 n 是一个正整数，$a_1,\cdots,a_n$ 是 n 个正整数，满足 $a_i \mid n,i=1,2,\cdots,n$，则存在一个非空子集 $S \subseteq \{1,2,\cdots,n\}$，使得

$$\sum_{j \in S} a_j = n \tag{1}$$

证　不妨设 $n > 1$，对 $1 \leqslant i \leqslant n$，令

$$L_i = \{a_{j_1} + \cdots + a_{j_t} \mid 1 \leqslant j_1 < \cdots < j_t \leqslant i, 1 \leqslant t \leqslant i\} \cap \{1,2,\cdots,n\}$$

例如

$$L_1 = \{a_1\}, \quad L_2 = \{a_1,a_2,a_1+a_2\} \cap \{1,2,\cdots,n\}, \cdots$$

显然有

$$L_1 \subseteq L_2 \subseteq \cdots \subseteq L_n \tag{2}$$

由于 L_n 表示 $\{1,2,\cdots,n\}$ 与 $\{a_1,\cdots,a_n\}$ 的每一个非空子集中诸元之和所组成的集的交集，所以式(1)成立等价于 $n \in L_n$。

如果 $n \notin L_n$，由式(2)知 $n \notin L_j,j=1,\cdots,n-1$，且 $|L_n| < n$，而 $L_1 = \{a_1\}$ 推出 $|L_1| \geqslant 1$，从而有 k 使得

$$|L_{k-1}| \geqslant k-1, \quad |L_k| < k$$

这里 $2 \leqslant k \leqslant n$，故

$$|L_k| \leqslant k-1$$

另一方面，由式(2)可得

$$|L_{k-1}| \leqslant |L_k| \leqslant k-1 \leqslant |L_{k-1}|$$

故

$$|L_{k-1}| = |L_k|, \quad L_k = L_{k-1}, \quad a_k \in L_k, \quad a_k \in L_{k-1}$$

于是

$$a_k = a_{j_1} + \cdots + a_{j_t}, \quad 1 \leqslant j_1 < \cdots < j_t \leqslant k-1$$

可得

$$2a_k = a_k + a_{j_1} + \cdots + a_{j_t} \in L_k = L_{k-1}$$

同理

$$3a_k = a_k + 2a_k \in L_k = L_{k-1}, \cdots$$

$$n = \frac{n}{a_k}a_k = a_k + \left(\frac{n}{a_k} - 1\right)a_k \in L_k = L_{k-1}$$

即 $\qquad\qquad n \in L_k$

由式（2），与 $n \notin L_k$ 矛盾.

注 此问题是由 Erdös 和 Lemke 提出的一个猜想中最值得探讨的部分. 猜想的完整证明见[1]，这里是部分猜想的简化证明，编选时略加改动.

[1] LEMKE P,KLEITMAN D. An addition theorem on the integer modulo n[J]. J. Number Theory, 1989(31):335 – 345.

108. 证明：一正整数为其诸因数（除本身外）之积的充分必要条件是此数为一素数的立方，或为两个不同素数的积.

证 设 $n = p^3$ 或 $n = pq$，这里 p，q 为素数，$p \neq q$，则

$$\prod_{d \mid p^3, d \neq p^3} d = p \cdot p^2 = p^3$$

或 $\qquad\qquad \prod_{d \mid pq, d \neq pq} d = pq$

反之，设 $n > 1$ 是一个整数，满足

$$\prod_{d \mid n} d = n^2, \qquad \prod_{d \mid n} \frac{n}{d} = n^2$$

可得

$$\prod_{d \mid n} n = n^4 \qquad\qquad (1)$$

设 $n = p_1^{\alpha_1} \cdots p_l^{\alpha_l}$ 为 n 的标准分解式，故

$$d(n) = (\alpha_1 + 1) \cdots (\alpha_l + 1)$$

为 n 的因子个数. 由式(1) 可得

$$n^{d(n)} = n^4 \tag{2}$$

再由式(2) 得

$$(\alpha_1 + 1)\cdots(\alpha_l + 1) = 4$$

推出

$$l = 1, \quad \alpha_1 = 3 \text{ 或 } l = 2, \quad \alpha_1 = \alpha_2 = 1$$

即 n 为一素数的立方或 n 为两个不同素数之积.

注　本题选自文献[1] 中的一个习题.

[1]　华罗庚. 数论导引[M]. 北京:科学出版社,1957.

109. 设 $2k > 0$,集 $A = \{a_1, \cdots, a_{\varphi(2k)}\}$ 表示小于 $2k$ 且与 $2k$ 互素的全体正整数所组成的集,定义

$$A + A = \{\langle a_i + a_j \rangle_{2k} \mid a_i \in A,$$
$$a_j \in A, i, j = 1, 2, \cdots, \varphi(2k)\}$$

则

$$\{2f - 2 \mid f = 1, 2, \cdots, k\} \subseteq A + A \tag{1}$$

这里,记号 $\langle a \rangle_{2k}$ 表示整数 a 模 $2k$ 的最小非负剩余, $\varphi(n)$ 为 Euler 函数.

证　当 $k = 2^m$ 时, $\varphi(2k) = \varphi(2^{m+1}) = 2^m$,由于

$$2f - 2 = (2f - 3) + 1, \quad f = 2, 3, \cdots, 2^m$$

及

$$0 \equiv (2^{m+1} - 1) + 1 (\bmod 2^{m+1})$$

知式(1) 成立. 现对 k 作归纳法.

当 $k = 1$ 时,定理显然成立. 设对小于 k 的正整数, 定理成立. 现在证明对于 k,定理也成立. 不妨设 k 含有一个奇素数因子 p, $2k = pt$, $t = 2h$, $h < k$. 考虑偶数 $2l$, $0 \le l \le k - 1$,由归纳假设知,存在整数

$$(x,t) = (y,t) = 1$$

使得

$$x + y \equiv 2l \pmod{t} \qquad (2)$$

如果 $p \mid x$，用 $x + t$ 代替 x，这时式（2）仍然成立，显然 $(x + t, p) = 1$，故不妨设（2）中 x, y 满足

$$(x, p) = (y, p) = 1$$

由式（2）可得

$$x + y + td \equiv 2l \pmod{2k}, \quad 0 \le d < p \qquad (3)$$

若 $d = 0$，则式（3）给出

$$x + y \equiv 2l \pmod{2k}, \quad (x, pt) = (y, pt) = 1$$

这正是我们所需要的.

现设 $1 \le d < p$，注意到式（3）可改写为

$$(x + td) + y \equiv 2l \pmod{2k}$$

或 $\qquad\qquad x + (y + td) \equiv 2l \pmod{2k}$

如果 $(x + td, p) = 1$，则

$$(x + td, pt) = (y, pt) = 1$$

归纳完成. 同样，若 $(y + td, p) = 1$，归纳法也完成. 因而不妨设

$$p \mid (x + td), \quad p \mid (y + td) \qquad (4)$$

由式（3），我们又有

$$(x + 2dt) + (y - dt) \equiv 2l \pmod{2k} \qquad (5)$$

由式（4）知，必有 $(p, t) = 1$，又 $(p, d) = 1$，故

$$(p, x + 2dt) = 1$$

同理

$$(p, y - dt) = 1$$

于是有

$$(x + 2dt, pt) = (y - dt, pt) = 1$$

设 $\langle x + 2dt \rangle_{2k} = a_i$，$\langle y - dt \rangle_{2k} = a_j$，则

$$a_i + a_j \equiv 2l(\bmod 2k), \quad a_i \in A, \quad a_j \in A$$

故 $\langle a_i + a_j \rangle_{2k} = 2l$,归纳完成,即知式(1)成立.

注 本题是1993年孙琦提出的,其背景是推广余新河数学题. 这里的解答是由当时在四川大学攻读数论方向的博士生高维东给出,后发表在论文[1]中.

[1] 孙琦,郑德勋,高维东,等. 关于余新河数学题的推广[J]. 成都科技大学学报,1993(4).

110. 设 n 是一个给定的正整数,则满足 $[u,v]=n$ 的正整数对 $\{u,v\}$ 的个数等于 n^2 的因数的个数.

证 $n=1$ 是显然的. 可设 $n>1$

$$n = p_1^{\alpha_1} \cdots p_k^{\alpha_k}, \quad \alpha_i > 0, \quad i = 1, \cdots, k$$

是 n 的标准分解式,由于 $u \mid n, v \mid n$,则 u,v 可分别表示为

$$u = p_1^{\beta_1} \cdots p_k^{\beta_k}, \quad \alpha_i \geqslant \beta_i \geqslant 0, \quad i = 1, \cdots, k \quad (1)$$

和

$$v = p_1^{\delta_1} \cdots p_k^{\delta_k}, \quad \alpha_i \geqslant \delta_i \geqslant 0, \quad i = 1, \cdots, k \quad (2)$$

由于 $[u,v]=n$,所以对于任一个 $j, 1 \leqslant j \leqslant k$,式(1)中的 β_j 和式(2)中的 δ_j,必须满足

$$\beta_j = \alpha_j, \quad \delta_j = 0, 1, \cdots, \alpha_j \text{ 或 } \beta_j = 0, 1, \cdots, \alpha_j, \quad \delta_j = \alpha_j$$
$$(3)$$

故取自式(3)中的数对 $\{\beta_j, \delta_j\}$ 有 $2\alpha_j + 1$ 种不同的取法. 故满足 $[u,v]=n$ 的正整数对 $\{u,v\}$ 的个数,总共有 $\prod_{j=1}^{k}(2\alpha_j + 1)$ 个,这恰为 n^2 的因数的个数.

注 101 题和本题曾分别编入文献[1]第四章和第一章的习题.

[1] 柯召,孙琦. 数论讲义:上册[M]. 2 版. 北京:高等教育出版社,2001.

111. 设 p 是一个奇素数,g 是模 p 的一个元根,则在数列

$$g + jp, \quad j = 0,1,\cdots,p-1 \tag{1}$$

中至少有 $p-1$ 个模 $p^l(l \geq 2)$ 的元根.

证 由于 $g+jp(j=0,1,\cdots,p-1)$ 均为模 p 的元根,熟知,当 $(g+jp)^{p-1} \not\equiv 1(\bmod p^2)$ 时,则 $g+jp$ 为模 $p^l(l \geq 2)$ 的元根. 显然,数列(1)中任意两个数对模 $p^l(l \geq 2)$ 均不同余. 因此,如果能够证明数列(1)中任意两个数的 $p-1$ 次方幂对模 p^2 均不同余,便知本题结论成立.

设 $0 \leq j_1 < j_2 \leq p-1$,如果

$$(g+j_1p)^{p-1} \equiv (g+j_2p)^{p-1}(\bmod p^2)$$

可得

$$g^{p-1} + g^{p-2}(p-1)j_1p \equiv$$
$$g^{p-1} + g^{p-2}(p-1)j_2p(\bmod p^2)$$

由此推出

$$j_1 \equiv j_2(\bmod p)$$

此不可能. 这就证明了数列(1)中至少有 $p-1$ 个数,它们的 $p-1$ 次幂对模 p^2 均不与 1 同余,这 $p-1$ 个数均为模 $p^l(l \geq 2)$ 的元根.

112. 设 p 是一个奇素数,a,b,c 是一组给定的整数,$p \nmid abc$. 已知当 $p > 2^{60}$ 时,存在模 p 的两个元根 g_1,g_2,满足

$$ag_1 + bg_2 \equiv c(\bmod p) \qquad (1)$$

证明：在相同的条件下，至少存在$(p - 2)p^{l-2}$ 对模 $p^l (l \geqslant 2)$ 的元根 α 和 β，满足

$$a\alpha + b\beta \equiv c(\bmod p^l) \qquad (2)$$

证　由式(1)，可设 $ag_1 + bg_2 = c + kp, k$ 是一个整数. 考虑同余式

$$a(g_1 + pt) + b(g_2 + sp) \equiv c(\bmod p^2)$$
$$0 \leqslant t, \quad s \leqslant p - 1 \qquad (3)$$

将 $ag_1 + bg_2 = c + kp$ 代入式(3)，得

$$k + at + bs \equiv 0(\bmod p), \quad 0 \leqslant t, \quad s \leqslant p - 1 \qquad (4)$$

显然，式(4)有 p 组解

$$\{t_1, s_1\}, \{t_2, s_2\}, \cdots, \{t_p, s_p\}$$

其中 $s_1, \cdots, s_p$ 和 $t_1, \cdots, t_p$ 分别为 $0, 1, \cdots, p - 1$ 的某一个排列. 于是，由前题的结果知，至少有 $p - 1$ 对式(4)的解，不妨设为

$$\{t_j, s_j\}, \quad j = 1, \cdots, p - 2$$

使 $g_1 + t_j p$ 和 $g_2 + s_j p$ 均为模 p^2 的元根(它们的 $p - 1$ 次幂模 p^2 均不与 1 同余). 这就证明了 $l = 2$ 的情形. 设命题对 $l = f$ 成立 $(f \geqslant 2)$，即有 $(p - 2)p^{f-2}$ 对模 p^f 的元根 α_j, β_j，且

$$\alpha_j^{p-1} \not\equiv 1(\bmod p^2), \quad \beta_j^{p-1} \not\equiv 1(\bmod p^2)$$

满足

$$a\alpha_j + b\beta_j \equiv c(\bmod p^f) \qquad (5)$$

现在，我们来证明命题对 $l = f + 1$ 时也成立. 由式(5)可设 $a\alpha_j + b\beta_j = c + k_1 p^f, k_1$ 是一个整数. 考虑同余式

$$a(\alpha_j + e_j p^f) + b(\beta_j + e_j' p^f) \equiv c(\bmod p^{f+1}) \qquad (6)$$

其中 $0 \leqslant e_j, e_j' \leqslant p - 1$，将 $a\alpha_j + b\beta_j = c + k_1 p^f$ 代入式

(6),得

$$k + ae_j + be_j{}' \equiv c(\bmod p), \quad 0 \leq e_j, e_j{}' \leq p - 1$$

(7)

类似对同余式(4)的讨论,给定模 p^f 的一对元根 α_j, β_j,式(7)有 p 组解 $\{e_j, e_j{}'\}$,产生 p 对模 p^{f+1} 的元根

$$\alpha_j + e_j p^f, \beta_j + e_j{}' p^f$$

满足式(6).于是,总共得到 $(p-2)p^{f-1}$ 对模 p^{f+1} 的元根 α, β,满足

$$a\alpha + b\beta \equiv c(\bmod p^{f+1})$$

命题得证.

注 20世纪80年代,为了构造可用于雷达系统的 Costa 矩阵,Golomb 提出了一系列关于 q 元有限域 F_q ($q = p^l$ 是一个素数的幂) 上各种形式元根存在的猜想,其中一个猜想为:存在 F_q 上的元根 α 和 β,满足 $\alpha + \beta = 1$,1 表示 F_q 中的单位元. 这些猜想,引起人们广泛的兴趣. 运用对 Jacobi 和的估计,王巨平证明了:设 $q \geq 2^{60}$,则存在 F_q 上的元根 α 和 β,满足 $\alpha + \beta = \theta$, 这里 θ 是 F_q 中任给的一个非零元. 随后,孙琦进一步证明了:设 $q \geq 2^{60}$,则存在 F_q 上的元根 α 和 β,满足 $u\alpha + v\beta = \theta$,这里 u, v 和 θ 是 F_q 中三个任给的非零元 (如果 $q = p$ 是一个奇素数,这一结果即为112题中的已知结果(1);1988年,孙琦、李曙光把这一结果推广到模 p^l 的情形,即112题的内容). 有关文献和更多的结果可参阅文献[1].

我们知道,有限域上的本原多项式是密码学中基本概念之一,其性质的研究一直是有限域、数论和密码学理论中重要的研究课题. 20世纪90年代,曾提出著名的 Hansen-Mullen 猜想和 Cohen 问题. 所谓

Hansen-Mullen 猜想是指：设 $n \geqslant 2$，对任意给定的 $a \in F_q$，除

$$(q,n,m,a) = (4,3,1,0) = (4,3,2,0) = (2,4,2,1)$$

等三种非平凡情形外，对所有 $1 \leqslant m < n$，存在 F_q 上的 n 次本原多项式

$$f(x) = x^n - \sigma_1 x + \cdots + (-1)^n \sigma_n$$

使得它的第 m 项系数 $\sigma_m = a$（见 [2]）. Cohen 问题是指：对于给定的 n，是否存在 n 的某个函数 $c(n)$，使得 F_q 上有 n 次本原多项式的 $\lfloor c(n) \rfloor$ 个系数，可以预先给定（参阅文献 [1]）. 在这一领域内，韩文报做了不少有影响的工作. 例如，他证明了当 q 为奇数且 $n > 6$ 或 q 为偶数且 $(n,a) \neq (4,0)$，$(5,0)$，$(6,0)$ 时，Hensen-Mullen 猜想对第二项系数成立. 此外，他还证明了 q 为奇数且 $n > 6$ 时，存在 F_q 上的 n 次本原多项式，使得前两个系数可以预先给定（见 [3] 以及 [4]）. 韩文报指导的博士生范淑琴的博士学位论文被评为 2006 年全国百篇优秀博士学位论文. 在这篇学位论文中基本解决了 Hensen-Mullen 猜想，并回答了 Cohen 问题.

[1] COHEN S D. Primitive elements and polynomials existence results [M]. Lecture Note in Pure and Appl. Math. , New York：Marcel Dekker, 1993 (141)：43 - 55.

[2] HANSEN T, MULLEN G L. Primitive polynomials over finite fields [J]. Math. Comp. ,1992, 59 (200)：639 - 643.

[3] HAN W B. The coefficients of primitive polynomials over finite fields [J]. Math. Comp. ,

1996,65(213):331 – 340.

[4] HAN W B. On two exponential sums and their applications[J]. Finite Fields Appl.,1997,3: 115 –130.

113. 对于给定的素数 p,如果 $p^m \| n$,记为

$$\text{Pot}_p\, n = m$$

设 $a \geq 1, b \geq 1$,且

$$a = a_0 + a_1 p + \cdots + a_t p^t$$
$$b = b_0 + b_1 p + \cdots + b_t p^t$$

这里 $0 \leq a_i \leq p - 1, 0 \leq b_i \leq p - 1, a_t \neq 0$ 或 $b_t \neq 0$,

$A(a,p) = \sum_{i=0}^{t} a_i, A(b,p) = \sum_{i=0}^{t} b_i$,连续定义 $0 \leq c_i \leq p - 1$ 和 $\varepsilon_i = 0$ 或 1 如下

$$a_0 + b_0 = \varepsilon_0 p + c_0$$
$$\varepsilon_0 + a_1 + b_1 = \varepsilon_1 p + c_1$$
$$\varepsilon_1 + a_2 + b_2 = \varepsilon_2 p + c_2 \qquad (1)$$
$$\vdots$$
$$\varepsilon_{t-1} + a_t + b_t = \varepsilon_t p + c_t$$

则

$$\text{Pot}_p \binom{a + b}{a} = \text{Pot}_p \left(\frac{(a+1)!}{a!\,b!} \right) = \sum_{i=0}^{t} \varepsilon_i \qquad (2)$$

证 把(1) 中的第 1 式,第 2 式,$\cdots$,第 t 式,第 $t+1$ 式分别乘以 $1, p, \cdots, p^{t-1}, p^t$,然后相加得

$$a + b + \varepsilon_0 p + \varepsilon_1 p^2 + \cdots + \varepsilon_{t-1} p^t =$$
$$\varepsilon_0 p + \varepsilon_1 p^2 + \cdots + \varepsilon_{t-1} p^t +$$
$$\varepsilon_t p^{t+1} + c_0 + c_1 p + \cdots + c_t p^t$$

于是,可得

$$a + b = c_0 + c_1 p + \cdots + c_t p^t + c_{t+1} p^{t+1}$$

$$A(a + b, p) = \sum_{i=0}^{t} c_i + \varepsilon_t$$

现在,把(1)中的各式相加,得

$$A(a, p) + A(b, p) + \sum_{i=0}^{t-1} \varepsilon_i =$$

$$p\left(\sum_{i=0}^{t} \varepsilon_i\right) + A(a + b, p) - \varepsilon_t \qquad (3)$$

熟知,任给正整数 n,有

$$\mathrm{Pot}_p(n!) = \frac{n - A(n, p)}{p - 1} \qquad (4)$$

由式(3)和式(4),有

$$(p - 1)\mathrm{Pot}_p\binom{a + b}{a} = (a + b) - A(a + b, p) -$$

$$(a - A(a, p)) - (b - A(b, p)) =$$

$$A(a, p) + A(b, p) - A(a + b, p) =$$

$$(p - 1)\left(\sum_{i=0}^{t} \varepsilon_i\right)$$

便知式(2)成立.

　　注　公式(4)是 Legendre 在 1808 年得到的,其证明可参阅[1]. 在 1852 年,利用式(4),Kummer 推出了公式(2). 这两个结果在 p-adic 分析中均有运用.

[1]　柯召,孙琦. 数论讲义:上册[M]. 2 版. 北京:高等
　　教育出版社,2001.

　　114. 设 $n > 2$ 是一个整数,如果存在一个整数 a,使得

$$a^{n-1} \equiv 1 \pmod{n} \qquad (1)$$

且对 $n-1$ 的每一个素因子 q，均有

$$a^{\frac{n-1}{q}} \not\equiv 1 \pmod{n} \qquad (2)$$

则 n 是一个素数.

证 设 a 对模 n 的次数为 s，由式(1)推出

$$s \mid (n-1)$$

设 $n-1 = st, t > 0$ 是一个整数. 如果 $t > 1$，则有素数

$$q \mid t, \quad q \mid (n-1)$$

从而推出

$$a^{\frac{n-1}{q}} = a^{\frac{st}{q}} = (a^s)^{\frac{t}{q}} \equiv 1 \pmod{n}$$

与式(2)不符，故

$$t = 1, \quad n-1 = s$$

因此

$$(n-1) \mid \varphi(n)$$

从而得

$$\varphi(n) \geqslant n-1$$

但熟知 $\varphi(n) \leqslant n-1$，由此推出

$$\varphi(n) = n-1$$

故 n 是一个素数.

注 熟知，Fermat 小定理：若 p 是一个素数，整数 a 满足 $p \nmid a$，则 $a^{p-1} \equiv 1 \pmod{p}$. 它的逆命题并不成立，然而，人们发现，如果增加条件，可以得到类似逆定理的结果. 本题就是这方面的一个结果，它是 1876 年 Lucas 发现的；1927 年，由 D. H. Lehmer 第一个发表. $\dfrac{10^{17}-1}{9}$ 的因子 2 071 723 是素数，便可用这一结果验证. 后来，Lucas 的结果不断有所发展，参阅[1].

此外，运用 Lucas 的结果，还可推出 Fermat 数 $F_n = 2^{2^n} + 1$ 是素数的一个判别方法：设 $k \geqslant 2$，如果

$$k^{\frac{F_n-1}{2}} \equiv -1 (\mathrm{mod}\ F_n)$$

则 F_n 是素数.

113 题和 114 题的编写,还参阅了文献[2].

[1] 柯召,孙琦. 数论讲义:上册[M]. 2 版. 北京:高等
教育出版社,2001.

[2] RIBENBOIM　P. The　book　of　prime　number
records[M]. 2th　ed. New　York:Springer-Verlag,
1989.

115. 设 p 是一个奇素数,使得 $q = 2p + 1$ 也是一个
素数,则不定方程
$$x^p + y^p = z^p,\quad p \nmid xyz \qquad (1)$$
没有整数解 x, y, z.

证　假定方程(1)有整数解 x, y, z,用 $-z$ 替换方
程(1)中的 z,则方程(1)可化为 $x^p + y^p + z^p = 0$. 不失
一般性,可设
$$(x, y) = (x, z) = (y, z) = 1$$
且方程(1)化为
$$-x^p = (y + z)(y^{p-1} - y^{p-2}z + \cdots - yz^{p-2} + z^{p-1}) \qquad (2)$$
如果 r 是 $y + z$ 和 $y^{p-1} - y^{p-2}z + \cdots - yz^{p-2} + z^{p-1}$ 的公共
素因子,则由 $y \equiv -z (\mathrm{mod}\ r)$,推出
$$y^{p-1} - y^{p-2}z + \cdots - yz^{p-2} + z^{p-1} \equiv pz^{p-1} (\mathrm{mod}\ r)$$
即知
$$pz^{p-1} \equiv 0 (\mathrm{mod}\ r)$$
因为 $r \mid x$,由方程(1)知 $r \neq p$,故
$$r \mid z,\quad r \mid y$$

与 $(z,y)=1$ 矛盾. 这就证明了式(2)的右端的两个因子是互素的,再由整数的唯一分解定理知,它们都是 p 次方幂,可设

$$y + z = A^p$$
$$y^{p-1} - y^{p-2}z + \cdots - yz^{p-2} + z^{p-1} = T^p$$

类似可证

$$x + z = B^p \tag{3}$$
$$x + y = C^p \tag{4}$$
$$y + z = A^p \tag{5}$$

由于 $q = 2p + 1$ 是素数和 Fermat 小定理,对于整数 a,满足 $(a,q)=1$ 时,$a^p \equiv \pm 1 (\bmod\ q)$. 因此,当

$$x^p + y^p + z^p = 0(\bmod\ q)$$

时,x,y 和 z 中恰有一个被 q 整除,不妨设 $q \mid x$. 由式(3)(4)和式(5)得

$$B^p + C^p - A^p = 2x \tag{6}$$

由式(6)得

$$B^p + C^p - A^p \equiv 0(\bmod\ q)$$

同样的理由,必须有 q 恰整除 A,B,C 中的一个. 如果 $q \mid A$,则

$$q \nmid T, \ \pm 1 \equiv T^p \equiv pz^{p-1}(\bmod\ q)$$

但由式(3)可知

$$z \equiv B^p(\bmod\ q)$$

由于 $(q,B)=1$,故 $z \equiv \pm 1(\bmod\ q)$,从而得

$$p \equiv \pm 1(\bmod\ q)$$

这是不可能的. 如果 $q \mid B$,再由 $q \mid x$ 和式(3)得

$$q \mid z$$

与 $(x,z)=1$ 矛盾. 同理可证

$$q \mid C$$

也是不可能的. 综上所述, 我们证明了不定方程 (1) 无整数解 x, y, z.

注 众所周知, 1995 年 Wiles 证明了 Fermat 大定理这个困惑了世界 358 年的著名问题. 在 Fermat 大定理研究的过程中, 有许多执着的数学家为此努力奋斗过, 虽然这些尝试均以失败告终, 但是他们的研究丰富了近代数学的内容, 有的成果成为了当今证明 Fermat 大定理的最终尝试中的组成部分. 这当中有一位法国女数学家 Sophie Germain, 她对 Fermat 大定理做出了富有创新性的工作, 其贡献比生活于她之前的任何男性都更为突出. 从此, 开始了对一批素数 p 研究 Fermat 大定理, 本题的内容就是她得到的结果. 当时的法国, 声称数学不适合妇女, 认为数学是她们智力所不能承受的. 可见, Germain 能做出这样的贡献, 需要很大的勇气和毅力. 她的工作得到当时最优秀的数学家 Lagrange 和 Gauss 的高度评价. Gauss 建议哥廷根大学授予她名誉博士学位. 可叹的是, 在哥廷根大学同意授予之前, Germain 因病离开了人世.

116. 设 $p > 3$ 是一个奇素数, 则不定方程

$$y^2 = x^p + 1 \tag{1}$$

的正整数解 x 和 y 满足:

1) $x > 2$ 为偶数;

2) 当 $\left(x + 1, \dfrac{x^p + 1}{x + 1}\right) > 1$ 时, $p \equiv 1 \pmod 8$.

证 如果 x 为奇数, 则 $(y + 1, y - 1) = 1$, 方程 (1) 给出

$$y + 1 = u_1^p, \quad y - 1 = u_2^p, \quad x = u_1 u_2 \tag{2}$$

$$u_1 > u_2, \quad u_1, u_2 \text{ 均为奇数}$$

由式(2)得

$$2 = u_1{}^p - u_2{}^p = (u_1 - u_2)(u_1{}^{p-1} + u_1{}^{p-2}u_2 + \cdots +$$
$$u_1 u_2{}^{p-2} + u_2{}^{p-1}) \tag{3}$$

由于 $u_1 - u_2 \geqslant 2, p > 3$,则式(3)的右端大于2,故式(3)不成立. 这就证明了方程(1)如有正整数解 x 和 y,则 x 一定是偶数. 如果 $x = 2$,则方程(1)给出

$$y + 1 = 2^{p-1}, \quad y - 1 = 2$$

在 $p > 3$ 时,不可能,这就证明了1).

由于 $\left(x + 1, \dfrac{x^p + 1}{x + 1}\right) = 1$ 或 p,所以当 $\left(x + 1, \dfrac{x^p + 1}{x + 1}\right) > 1$ 时,有 $\left(x + 1, \dfrac{x^p + 1}{x + 1}\right) = p$,从而方程(1)给出

$$x + 1 = py_1{}^2, \quad \frac{x^p + 1}{x + 1} = py_2{}^2$$
$$(y_1, y_2) = 1, \quad y = py_1 y_2 \tag{4}$$

由于 y 为奇数,式(4)的第一式给出

$$x + 1 \equiv p \pmod 8 \tag{5}$$

如果 $p \not\equiv 1 \pmod 8$,可设 $p \equiv 3, 5, 7 \pmod 8$.

当 $p \equiv 5, 7 \pmod 8$ 时,对(1)取模 $x - 1$. 因 $x^p + 1 \equiv 2 \pmod{(x - 1)}$,$x > 2$ 是偶数,故 Jacobi 符号为

$$\left(\frac{x^p + 1}{x - 1}\right) = \left(\frac{2}{x - 1}\right)$$

且由式(5)知,当 $p \equiv 5, 7 \pmod 8$ 时,$\left(\dfrac{x^p + 1}{x - 1}\right) = -1$,与方程(1)有解矛盾.

当 $p \equiv 3 \pmod 8$ 时,对方程(1)取模 $x^3 - 1$. 因 $p > 3$,$x^p + 1 \equiv x + 1$ 或 $x^2 + 1 \pmod{(x^3 - 1)}$,分别计

算 Jacobi 符号,可得

$$\left(\frac{x^p+1}{x^3-1}\right)=\left(\frac{x+1}{x^3-1}\right)=(-1)^{\frac{x+1-1}{2}}\left(\frac{x^3-1}{x+1}\right)=$$

$$\left(\frac{-1}{x+1}\right)\left(\frac{-2}{x+1}\right)=\left(\frac{2}{x+1}\right)$$

$$\left(\frac{x^p+1}{x^3-1}\right)=\left(\frac{x^2+1}{x^3-1}\right)=\left(\frac{x^3-1}{x^2+1}\right)=\left(\frac{-x-1}{x^2+1}\right)=$$

$$\left(\frac{x+1}{x^2+1}\right)=\left(\frac{x^2+1}{x+1}\right)=\left(\frac{2}{x+1}\right)$$

由式(5)知,在 $p\equiv3(\bmod 8)$ 时,仍有 $\left(\dfrac{x^p+1}{x^3-1}\right)=-1$,

与方程(1)有解矛盾.这就证明了2).

注　称 a^m 为正整数的乘幂,其中 a 是正整数,m 是大于1的整数.1842年,Catalan 猜想:除 $8=2^3$ 和 $9=3^2$ 外,没有两个连续数都是正整数的乘幂.用不定方程表述,即不定方程

$$y^q-x^p=1,\quad p,q\text{ 是两个素数}$$

除 $q=2,p=3,y=3,x=2$ 外,没有其他的正整数解.

1850年,Lebesgue 证明了 $p=2$ 时,猜想成立.然而,$q=2$ 的情形,却非常困难.一百多年来,许多数学家如 Nagell、Selberg、Obláth、Inkeri、Cassels 等,进行了研究,均未解决,直到1962年,才由柯召给出了完整的解答,他证明了 $q=2$ 时,Catalan 猜想成立(见[1]和[2]).这是 Catalan 猜想的一个重大突破,在 Mordell 的专著中称为柯召定理(见[3]).特别是柯召给出的证明方法简洁、清晰,极具创意(我们将在117题注中简述柯召方法).后来的工作表明柯召方法在不定方程的研究中是非常有用的.例如,1977年,Terjanian 对偶指数 Fermat 大定理第一种情形的证明(见[4]),以及 1986 年,曹珍富对 Pell 序列中 n 次方数结果的证明(见[5]),其主要想法均得益于柯召方法. 2000 年,Mihǎilescu 利用代数数论中关于分圆域的一个深刻定理,证明了奇指数情形的 Catalan 猜想(如前所述,偶指数情形是 Lebesgue 和柯召分别证明的). 至此,这个有 160 多年历史的数论难题得以完全解决. Mihǎilescu 的论文于 2003 年发表(见[6]). 文中,他在回顾攻克 Catalan 猜想的历程时,特别提到的两次重大进展,就是 1850 年 Lebesgue 的贡献和 1962 年柯召的贡献. 王元院士认为:虽然 Catalan 猜想已经得到解决,但证明用到的知识较多,亦较复杂,柯召的结果除了是一个历史记录外,还是一个漂亮的初等数论定理(见[7]). 本题是 $p \not\equiv 1(\bmod 8)$ 时的部分证明. 柯召方法主要用于证明 $p \equiv 1(\bmod 8)$ 的部分.

[1] 柯召. 关于方程 $x^2 = y^n + 1, xy \neq 0$[J]. 四川大学学报(自然科学版),1962,8(1):1 - 6.

[2] KE Zhao. On the Diophantine Equation $x^2 = y^n + 1, xy \neq 0$[J]. Scientia Simica(Notes),1964(14):457 - 460.

[3] MORDELL L J. The Diophantine Equations[M]. Academic Press,1969.

[4] TERJIANIAN G. Sur 1'équation $x^{2p} + y^{2p} = z^{2p}$[J]. C. R. Acad. Sci. ,1977(285):973 - 975.

[5] CAO Zhenfu. On the Diophantine equation $x^{2n} - Dy^2 = 1$[J]. Proc. Amer. Math. Soc. ,1986,98:11 - 16.

[6] MIHǍILESCU P. A class number free criterion

for Catalan's conjecture[J]. J. of Number Theory,2003(99):225 −231.

[7] 白苏华. 柯召传[M]. 北京:科学出版社,2010: 100 −101.

117. 证明:对任给的偶数 $x > 2$,奇数 a,和与 a 互素的正整数 b,有

$$(x^b + 1, x^a - 1) = 1 \tag{1}$$

和

$$\left(\frac{x^b + 1}{x^a - 1}\right) = \left(\frac{2}{x \pm 1}\right) \tag{2}$$

证 设 $(x^b + 1, x^a - 1) = d$,可得

$$x^a = dk + 1, \quad k > 0 \tag{3}$$

和

$$x^b = dl - 1, \quad l > 0 \tag{4}$$

式(3)和式(4)分别自乘 b 次和 a 次得

$$x^{ab} = (dk + 1)^b = sd + 1, \quad s > 0 \tag{5}$$

和

$$x^{ab} = (dl - 1)^a = td - 1, \quad t > 0 \tag{6}$$

从而由式(5)和式(6)得

$$(t - s)d = 2$$

故

$$d \mid 2$$

所以 $d = 1$ 或 2. 而 $x^a - 1, x^b + 1$ 都是奇数,因此 $d = 1$. 这就证明了式(1).

注意到 $b \equiv c(\bmod a)$ 时,有

$$x^b + 1 \equiv x^c + 1(\bmod(x^a - 1))$$

不失一般性,在 Jacobi 符号 $\left(\dfrac{x^b + 1}{x^a - 1}\right)$ 中,可设 $b < a$. 对

$\min\{a,b\}$ 用归纳法. 若 $a = 1$, 则

$$\left(\frac{x^b + 1}{x^a - 1}\right) = \left(\frac{2}{x - 1}\right)$$

式 (2) 成立. 若 $a > 1, b = 1$, 则

$$\left(\frac{x^b + 1}{x^a - 1}\right) = \left(\frac{-1}{x + 1}\right)\left(\frac{x^a - 1}{x + 1}\right) = \left(\frac{-1}{x + 1}\right)\left(\frac{-2}{x + 1}\right) =$$
$$\left(\frac{2}{x + 1}\right)$$

式 (2) 成立. 现设 $\min\{a,b\} > 1$, 且结论对于小于 $\min\{a,b\}$ 时成立, 那么

$$\left(\frac{x^b + 1}{x^a - 1}\right) = \left(\frac{x^a - 1}{x^b + 1}\right) = \left(\frac{(-1)^q x^c - 1}{x^b + 1}\right) \qquad (7)$$

这里 $0 < a - qb = c < b$. 现分两种情形讨论:

1) 若 q 为偶数, 则 c 为奇数, 且由式 (7) 可得

$$\left(\frac{x^b + 1}{x^a - 1}\right) = \left(\frac{x^c - 1}{x^b + 1}\right) = \left(\frac{x^b + 1}{x^c - 1}\right) = \left(\frac{x^d + 1}{x^c - 1}\right)$$

这里 d 为 b 模 c 的最小非负剩余. 因为 $c < b, d < c$, 故 $d < b$, 且 $\min\{c,d\} = d < b = \min\{a,b\}$, 由归纳假设可得结论成立.

2) 若 q 为奇数, 则 b 和 c 一奇一偶, 且由式 (7) 可得

$$\left(\frac{x^b + 1}{x^a - 1}\right) = \left(\frac{-x^c - 1}{x^b + 1}\right) = \left(\frac{x^c + 1}{x^b + 1}\right) = \left(\frac{x^b + 1}{x^c + 1}\right) \quad (8)$$

若 $c = 1$, 则 b 为偶数, 且由式 (8) 可得

$$\left(\frac{x^b + 1}{x^a - 1}\right) = \left(\frac{x^b + 1}{x + 1}\right) = \left(\frac{2}{x + 1}\right)$$

故结论成立; 若 $c > 1$, 则由式 (8) 可得

$$\left(\frac{x^b + 1}{x^a - 1}\right) = \left(\frac{x^b + 1}{x^c + 1}\right) = \left(\frac{-x^{b-c} + 1}{x^c + 1}\right) = \left(\frac{x^{b-c} - 1}{x^c + 1}\right) =$$

$$\left(\frac{x^c + 1}{x^{b-c} - 1}\right) = \left(\frac{x^e + 1}{x^{b-c} - 1}\right)$$

这里 e 为 c 模 $b-c$ 的最小非负剩余. 由于 $b-c$ 是奇数,且 $\{b-c, e\} < b = \min\{a, b\}$,故由归纳假设可知,结论成立. 式(2) 得证.

注　张起帆曾指导他的研究生李应,在一定条件下,计算出 Jacobi 符号 $\left(\dfrac{x^b + 1}{x^a - 1}\right) = \left(\dfrac{2}{x \pm 1}\right)$（见 [1]）. 本题及其证明,就是根据该文编写的. 在本注中,沿用 116 题各式的编号. 当 $p \equiv 1 \pmod 8$ 和 $\left(x + 1, \dfrac{x^p + 1}{x + 1}\right) > 1$ 时,不定方程(1) 的解满足 $x \equiv 0 \pmod 8$（见 116 题的(1) 和(5)）,故 Jacobi 符号 $\left(\dfrac{2}{x \pm 1}\right) = 1$,对不定方程(1) 取模 $x^a - 1$,均不能得出矛盾. 因此,用处理 $p \not\equiv 1 \pmod 8$ 的方法（即 116 题中计算 Jacobi 符号得出矛盾的方法）,来证明 $p \equiv 1 \pmod 8$ 时,方程(1) 无解是行不通的. 这可以解释在研究 $q = 2$ 的 Catalan 猜想,当 $p \equiv 1 \pmod 8$ 时最为复杂的原因. 由此,柯召创造性地提出通过计算更为复杂的 Jacobi 符号来得出矛盾的方法,现简述如下:

对于 116 题中的不定方程 (1),其中 $\left(x + 1, \dfrac{x^p + 1}{x + 1}\right) = 1$ 的情形早已解决（见 [2]）,故可设 $\left(x + 1, \dfrac{x^p + 1}{x + 1}\right) > 1$. 由 116 题的结论知,不定方程(1) 的解 x 和 y 满足式(4) 和式(5),且 $p \equiv 1 \pmod 8$,$x \equiv 0 \pmod 8$. 设 l 是一个奇数,满足 $0 < l < p$,再设 $E(t) = \dfrac{(-x)^t - 1}{(-x) - 1}$,$t \geq 1$ 是一个整数,$E(t)$ 是 x 的一个

整值多项式. 利用 Jacobi 符号的性质和 Euclid 算法, 柯召计算出 Jacobi 符号 $\left(\dfrac{E(p)}{E(l)}\right) = 1$ 这一精确结果. 由式 (4) 的第一式得 $x \equiv -1 \pmod{p}$ 以及对式(4)的第二式取模 $E(l)$, 可得

$$1 = \left(\frac{pE(p)}{E(l)}\right) = \left(\frac{p}{E(l)}\right) = \left(\frac{E(l)}{p}\right) = \left(\frac{l}{p}\right)$$

由于上式对满足 $0 < l < p$ 的任意一个奇数 l 均成立, 当 $p \equiv 1 \pmod 8$ 时, 可取奇数 l 是模 p 的二次非剩余, 便有 $\left(\dfrac{l}{p}\right) = -1$, 与前式矛盾, 这就证明了不定方程(1)无正整数解.

[1] 李应. 关于柯召方法的注记[J]. 四川大学学报 (自然科学版), 2012(3).

[2] 柯召. 关于方程 $x^2 = \dfrac{y^n + 1}{y + 1}$ 和 $x^2 = y^n + 1$ [J]. 四川大学学报(自然科学版), 1960, 6(2): 57 – 64.

118. 设 $n > 1$ 是一个给定的正整数, 则对任意的正整数 k, 有

$$\sum_{d \mid n} \mu\left(\frac{n}{d}\right)(k, d) = \begin{cases} 0 & , 若\ n \nmid k \\ \varphi(n) & , 若\ n \mid k \end{cases} \qquad (1)$$

这里 $\mu(n)$ 表示 Möbius 函数, 定义为: $\mu(1) = 1$, $n > 1$, $n = p_1^{\alpha_1} \cdots p_t^{\alpha_t}$ 是 n 的标准分解式, 则

$$\mu(n) = \begin{cases} (-1)^t, & 若\ \alpha_1 = \alpha_2 = \cdots = \alpha_t = 1 \\ 0 & , 若有某个\ \alpha_j > 1\ (1 \leqslant j \leqslant t) \end{cases} \qquad (2)$$

证 由于 $(k, d) \mid d$, $d \mid n$, 不妨设 k 可表示为

$$k = \prod_{i=1}^{t} p_i^{\beta_i}, \quad 0 \leqslant \beta_i \leqslant \alpha_i, \quad i = 1, 2, \cdots, t$$

由式(2),我们有

$$\sum_{d \mid n} \mu\left(\frac{n}{d}\right)(k, d) = (k, n) - \sum_{1 \leqslant i \leqslant t}\left(k, \frac{n}{p_i}\right) +$$
$$\sum_{1 \leqslant i < j \leqslant t}\left(k, \frac{n}{p_i p_j}\right) - \cdots +$$
$$(-1)^t\left(k, \frac{n}{p_1 \cdots p_t}\right) =$$
$$k \prod_{i=1}^{t}\left(1 - p_i^{r_i}\right) \qquad (3)$$

其中 r_i 取值为

$$r_i = \begin{cases} 0, & \text{若 } \beta_i < \alpha_i \\ -1, & \text{若 } \beta_i = \alpha_i \end{cases}$$

显然,当且仅当 $\beta_i = \alpha_i, i = 1, 2, \cdots, t$ 时,即 $k = n$ 时,式(3) 为 $\varphi(n)$;其余情形,即 $n \nmid k$ 时,式(3) 为0. 这就证明了式(1) 成立.

  注 不难看出,本题的证明方法可以用来证明:对于任意的整数 s,有

$$\sum_{d \mid n} \mu\left(\frac{n}{d}\right)(k, d)^s = \begin{cases} 0, & \text{若 } n \nmid k \\ \varphi_s(n), & \text{若 } n \mid k \end{cases} \qquad (4)$$

这里 $\varphi_s(n) = n^s \prod_{i=1}^{t}\left(1 - p_i^{-s}\right)$. 显然,式(4) 是式(1) 的推广.

  119. 设 n 为一个给定的正整数,n 阶整数矩阵
$$A_n = \left[(i, j)\right]_{1 \leqslant i, j \leqslant n}$$
其中第 i 行第 j 列元为 i 与 j 的最大公因数
$$B_n = \left[[i, j]\right]_{1 \leqslant i, j \leqslant n}$$

其中第 i 行第 j 列元为 i 与 j 的最小公倍数,称 $\boldsymbol{A}_n$ 为 GCD 矩阵,$\boldsymbol{B}_n$ 为 LCM 矩阵,则

$$\det \boldsymbol{A}_n = \prod_{i=1}^{n} \varphi(i) \qquad (1)$$

这里 $\varphi(n)$ 为欧拉函数. 又

$$\det \boldsymbol{B}_n = \prod_{i=1}^{n} \varphi(i)\pi(i) \qquad (2)$$

这里 $\pi(i) = i^2 \dfrac{\varphi_{-1}(i)}{\varphi(i)}$ 是一个积性函数,对于素数的幂 $p^l(l \geqslant 1)$,$\pi(p^l) = -p$.

证 用 118 题的公式(1),在 $\boldsymbol{A}_n$ 中把所有满足 $d < n, d \mid n$ 的 d 列的 $\mu\left(\dfrac{n}{d}\right)$ 倍加到第 n 列,行列式的值不变,而新的矩阵的第 n 列除最后一个元为 $\varphi(n)$ 外,其余全为 0,由此可得

$$\det \boldsymbol{A}_n = \varphi(n)\det \boldsymbol{A}_{n-1} \qquad (3)$$

利用递推公式(3),即可得到公式(1).

现在来证明公式(2). 由 118 题注中的式(4),相应地有

$$\det\left[(i, j)^s\right]_{1 \leqslant i, j \leqslant n} = \prod_{i=1}^{n} \varphi_s(n) \qquad (4)$$

显然,式(4)是式(1)的推广. 取 $s = -1$,可由关系式 $[k, d] = \dfrac{kd}{(k, d)}$ 及式(4)得

$$\det\left[[i, j]\right]_{1 \leqslant i, j \leqslant n} = \det\left[\dfrac{ij}{(i, j)}\right]_{1 \leqslant i, j \leqslant n} =$$
$$(n!)^2 \left[(i, j)^{-1}\right]_{1 \leqslant i, j \leqslant n} =$$
$$(n!)^2 \prod_{i=1}^{n} \varphi_{-1}(i) =$$

$$\prod_{i=1}^{n} i^2 \varphi_{-1}(i) =$$

$$\prod_{i=1}^{n} \varphi(i) \pi(i)$$

这里 $\pi(i) = i^2 \dfrac{\varphi_{-1}(i)}{\varphi(i)}$ 是一个积性函数,且 $\pi(p^l) = -p$.

注　1876 年,Smith 在他的著名论文中,给出了关于 $\det \boldsymbol{A}_n$ 和 $\det \boldsymbol{B}_n$ 的值[1]. 118 和 119 题,便是这篇论文的主要内容,由于原文较长,这里的是由曹炜根据原文给出的简化证明. $\det \boldsymbol{A}_n$ 的公式,曾多次被选入教科书和习题集. 百余年来,Smith 矩阵影响很大,不断有关于它的推广工作. 设 $S = \{x_1, \cdots, x_n\}$ 是由 n 个不同的正整数组成的集,设 n 阶方阵 $[(x_i, x_j)]$ 的第 i 行第 j 列的元是 x_i 和 x_j 的最大公因数,这样的方阵称为定义在 S 上的最大公因数(GCD) 矩阵;类似地,可定义 S 上的最小公倍数(LCM) 矩阵 $[[x_i, x_j]]$. 1989 年,Beslin 和 Ligh 证明了 S 上的 GCD 矩阵是非奇异的(见[2]). 对于 S 上的 LCM 矩阵,1992 年,Bourque 和 Ligh 指出存在集 S,使得 S 上的 LCM 矩阵是奇异的. 但如果 S 是因子封闭集(FS)(即对 S 的每一个整数 x,S 包含 x 的所有因子),则 S 上的 LCM 矩阵是非奇异的. 同时,他们猜想:S 如果是 gcd 封闭集(即对于 $x_i \in S, x_j \in S, 1 \leq i, j \leq n$,有 $(x_i, x_j) \in S$),则 S 上的 LCM 矩阵也是非奇异的. 在这一领域内,洪绍方做了不少有影响的工作. 例如:1999 年,洪绍方引入最大型因子的概念,解决了上述 Bourque 和 Ligh 的猜想. 他证明了当 $n \leq 7$ 时,猜想成立;当 $n > 7$ 时,猜想不成立[3]. 2005 年,洪绍方用最大型因子方法,证明了孙琦在 1995 年提出的一个猜想:如果 S 是一个 gcd 封闭集,且 S 中的每一个正整数最多只有两个不同的素因子,则 S 上的 LCM 矩阵是非奇异的[4]. 当前,关于 Smith 矩阵的研究,包括幂 GCD 矩阵与幂 LCM 矩阵及其行列式的整除性、幂 LCM 矩阵的非奇异性等,内容丰富.

[1] SMITH H J S. On the value of a certain arithmetical determinant [J] ∥ Proc. London Math. Soc. ,1875,76(7):208 – 212.

[2] BESLIN S,LIGH S. Greatest common divison matrices[J]. Linear Algebra Appl. ,1989,118: 69 – 76.

[3] HONG Shaofang. On the Bourque-Ligh conjecture of least common multiple matrices[J]. J. Algebra, 1999,218:216 – 288.

[4] HONG Shaofang. Nonsingularity of least common multiple matrices on gcd-closed sets[J]. J. Number Theory,2005,113:1 – 9.

120. 设 $m > 1$ 和 n 是两个正整数,$f(x_1,\cdots,x_n)$ 是一个 n 元整系数多项式. 如果对每一个整数 a(不妨设 $0 \leqslant a \leqslant m-1$),同余式

$$f(x_1,\cdots,x_n) \equiv a(\bmod m)$$
$$0 \leqslant x_j \leqslant m-1, \quad j = 1,\cdots,n \qquad (1)$$

均有 m^{n-1} 个解 $\{a_1,\cdots,a_n\}$,则称 $f(x_1,\cdots,x_n)$ 为一个模 m 的 n 元置换多项式. 证明:如果 d 是 m 的一个因子,$f(x_1,\cdots,x_n)$ 是模 m 的置换多项式,则 $f(x_1,\cdots,x_n)$ 是模 d 的置换多项式.

证　对每一个整数 $r, 0 \leqslant r \leqslant d-1$，设 N_r 是同余式

$$f(x_1, \cdots, x_n) \equiv r (\bmod d)$$
$$0 \leqslant x_j \leqslant d-1, \quad j = 1, \cdots, n \qquad (2)$$

的解 $\{b_1, \cdots, b_n\}$ 的个数，这里 $0 \leqslant b_j \leqslant d-1, j = 1, \cdots, n$.

下面，我们从不同的角度来计算，式(2) 的解模 m 的个数.

首先，式(2) 的每一个解 $\{b_1, \cdots, b_n\}$，对模 m，恰能生成 $(\frac{m}{d})^n$ 个式(2) 的解：$\{b_1 + i_1 d, \cdots, b_n + i_n d\}$，$i_j = 0, 1, \cdots, \frac{m}{d} - 1, j = 1, \cdots, n$. 因此对模 d, N_r 个式(2) 的解，可生成对模 m，共 $N_r (\frac{m}{d})^n$ 个式(2) 的解.

另一方面，由于 $f(x_1, \cdots, x_n)$ 是一个模 m 的置换多项式，对每一个整数 $b, 0 \leqslant b \leqslant \frac{m}{d} - 1$，同余式

$$f(x_1, \cdots, x_n) \equiv r + db (\bmod m)$$
$$0 \leqslant x_j \leqslant m-1, \quad j = 1, \cdots, n \qquad (3)$$

恰有 m^{n-1} 个解，故取

$$b = 0, 1, \cdots, \frac{m}{d} - 1$$

共得到 $\frac{m}{d} m^{n-1}$ 个解，它们恰为式(2) 的解模 m 的全部，即得

$$\frac{m}{d} m^{n-1} = N_r (\frac{m}{d})^n \qquad (4)$$

由式(4) 得到

$$N_r = d^{n-1}$$

它与 r 取值无关, 故 $f(x_1, \cdots, x_n)$ 是一个模 d 的置换多项式.

121. 证明:

1) 设 $m = p_1^{\alpha_1} \cdots p_k^{\alpha_k}$ 是 m 的标准分解式, 则 $f(x_1, \cdots, x_n)$ 是模 m 的一个置换多项式当且仅当对每一个 $p_i^{\alpha_i}, f(x_1, \cdots, x_n)$ 是模 $p_i^{\alpha_i}$ 的置换多项式, $i = 1, \cdots, k$.

2) 设 p 是一个素数, $h \geqslant 1$ 是一个整数, 如果 $f(x_1, \cdots, x_n)$ 是一个模 p 的置换多项式, 且以下同余式组

$$\frac{\partial f(x_1, \cdots, x_n)}{\partial x_j} \equiv 0 \pmod{p}, \quad j = 1, \cdots, n \quad (1)$$

无解(此时称 $f(x_1, \cdots, x_n)$ 模 p 非奇异的, 反之称模 p 奇异的), 则 $f(x_1, \cdots, x_n)$ 是模 p^h 的置换多项式.

证 设 $f(x_1, \cdots, x_n)$ 是模 m 的置换多项式, 由 120 题的结论知, 对每一个 $p_i^{\alpha_i}, f(x_1, \cdots, x_n)$ 是模 $p_i^{\alpha_i}$ 的置换多项式, $i = 1, \cdots, k$. 反之, 设对每一个 $p_i^{\alpha_i}, f(x_1, \cdots, x_n)$ 是模 $p_i^{\alpha_i}$ 的置换多项式, $i = 1, \cdots, k$, 则对任意的整数 r 和任一 $j(1 \leqslant j \leqslant k)$, 同余式

$$f(x_1, \cdots, x_n) \equiv r \pmod{p_j^{\alpha_j}}$$

恰有 $(p_j^{\alpha_j})^{n-1}$ 个解. 由孙子定理, 可推出同余式

$$f(x_1, \cdots, x_n) \equiv r \pmod{m}$$

恰有 $\prod_{j=1}^{k} (p_j^{\alpha_j})^{n-1} = m^{n-1}$ 个解, 故 $f(x_1, \cdots, x_n)$ 是模 m 的置换多项式. 这就证明了本题的第 1) 部分.

现在, 证明第 2) 部分. 由于 $f(x_1, \cdots, x_n)$ 是模 p 的

置换多项式,则对任一整数 r,同余式

$$f(x_1, \cdots, x_n) \equiv r(\bmod\ p) \tag{2}$$

恰有 p^{n-1} 个解模 p. 我们用归纳法来证明,对任意的整数 r,这 p^{n-1} 个解中任一解,设为 $\{a_1, \cdots, a_n\}$,可构造出同余式

$$f(x_1, \cdots, x_n) \equiv r(\bmod\ p^h) \tag{3}$$

的 $p^{(h-1)(n-1)}$ 个解,而且这些解,均分别与 $\{a_1, \cdots, a_n\}$ 模 p 同余. 设结论对 $p^u(u \geqslant 1)$ 成立,即由式(2)的任一个解 $\{a_1, \cdots, a_n\}$,可以得到同余式

$$f(x_1, \cdots, x_n) \equiv r(\bmod\ p^u) \tag{4}$$

的 $p^{(u-1)(n-1)}$ 个解,这里 r 是任给的整数,且这 $p^{(u-1)(n-1)}$ 个解,均与 $\{a_1, \cdots, a_n\}$ 模 p 同余. 现证明对任给的整数 r,结论对同余式

$$f(x_1, \cdots, x_n) \equiv r(\bmod\ p^{u+1}) \tag{5}$$

也成立.

设 $\{b_1, \cdots, b_n\}$ 为式(4)的 $p^{(u-1)(n-1)}$ 个解中的任一个,且 $b_j \equiv a_j(\bmod\ p)$,$j = 1, \cdots, n$. 由式(4)有

$$f(b_1, \cdots, b_n) = r + p^u l$$

这里 l 是一个整数. 考虑同余式

$$f(b_1 + p^u s_1, \cdots, b_n + p^u s_n) \equiv r(\bmod\ p^{u+1})$$
$$0 \leqslant s_j \leqslant p - 1, \quad j = 1, \cdots, n \tag{6}$$

由泰勒展式和 $2u \geqslant u + 1$,可得

$$f(b_1 + p^u s_1, \cdots, b_n + p^u s_n) \equiv$$

$$f(b_1, \cdots, b_n) + p^u \sum_{j=1}^{n} \frac{\partial f}{\partial j}(b_1, \cdots, b_n) s_j(\bmod\ p^{u+1})$$

故式(6)等价于同余式

$$f(b_1, \cdots, b_n) + p^u \sum_{j=1}^{n} \frac{\partial f}{\partial j}(b_1, \cdots, b_n) s_j \equiv r(\bmod\ p^{u+1})$$

注意到 $f(b_1,\cdots,b_n)=r+p^u l$,即得

$$l+\sum_{j=1}^{n}\frac{\partial f}{\partial j}(b_1,\cdots,b_n)s_j\equiv 0(\bmod\ p)\qquad(7)$$

由条件(1)知,$\{b_1,\cdots,b_n\}$ 不满足式(1),故至少存在一个 $j(1\leqslant j\leqslant n)$,使

$$\frac{\partial f}{\partial j}(b_1,\cdots,b_n)\not\equiv 0(\bmod\ p)$$

从而式(7)有 p^{n-1} 个解,即式(6)有 p^{n-1} 个解 $\{s_1,\cdots,s_n\}$. 于是由式(4)的任一组解 $\{b_1,\cdots,b_n\}$ 可得到(5)的 p^{n-1} 个解,从而式(4)的 $p^{(u-1)(n-1)}$ 个解,便可构造出式(5)的 $p^{u(n-1)}$ 个解,且分别与式(2)的解 $\{a_1,\cdots,a_n\}$ 模 p 同余. 这就完成了归纳法的证明,即证明了:对任给的整数 r,通过式(2)的任一解 $\{a_1,\cdots,a_n\}$,得到式(3)的 $p^{(h-1)(n-1)}$ 个解,所以通过式(2)的 p^{n-1} 个解,可得到式(3)的

$$p^{n-1}p^{(h-1)(n-1)}=p^{h(n-1)}$$

个解. 因为式(3)的任一解也是式(2)的解,故上述通过归纳构造出的 $p^{h(n-1)}$ 个解,也是式(3)的全部解,其个数与 r 的选择无关,这就证明了 $f(x_1,\cdots,x_n)$ 是模 p^h 的置换多项式.

122. 设整数 $h\geqslant 1$,p 是一个素数,则二元多项式

$$f(x_1,x_2)=x_1^{p}+px_2$$

是一个模 p^h 的置换多项式.

证 设 $h=1$,有

$$f(x_1,x_2)=x_1^{p}+px_2\equiv x_1(\bmod\ p)$$

显然,此时 $f(x_1,x_2)$ 是一个模 p 的置换多项式. 现设 $h>1$,对任意一个整数 r,不妨设 $0\leqslant r<p^h$,现计算

同余式

$$f(x_1, x_2) = x_1{}^p + px_2 \equiv r(\bmod p^h)$$

$$0 \leqslant x_1 < p^h, \quad 0 \leqslant x_2 < p^h \qquad (1)$$

解的个数. 由式(1) 可得

$$f(x_1, x_2) = x_1{}^p + px_2 \equiv x_1 \equiv r_1(\bmod p) \qquad (2)$$

这里 $r_1 = \langle r \rangle_p$. 由式(2),设 $x_1 = r_1 + pt_1, x_2 = t_2$,代入式 (1) 可得

$$(r_1 + pt_1)^p + pt_2 \equiv r_1(\bmod p^h)$$

$$0 \leqslant t_1 < p^{h-1}, \quad 0 \leqslant t_2 < p^h \qquad (3)$$

于是,式(1) 的解 $\{x_1, x_2\}$ 的个数和式(3) 的解 $\{t_1, t_2\}$ 的个数是相等的. 在式(3) 中,固定整数 t_1,可得

$$t_2 \equiv \frac{r_1 - (r_1 + pt_1)^p}{p}(\bmod p^{h-1})$$

即

$$t_2 = \frac{r_1 - (r_1 + pt_1)^p}{p} + kp^{h-1} \qquad (4)$$

由于,对于模 $p^h, k = 0, \cdots, p-1$,式(4) 给出 p 个互不同余的整数,也就是说对于固定的 t_1,得到式(3) 的 p 个解:$\{t_1, t_2\}, t_2$ 过式(4) 中 $k = 0, 1, \cdots, p-1$ 时的诸值. 而当 $t_1 = 0, 1, \cdots, p^{h-1} - 1$,就得到式(3) 的全部解,其个数为 $p^{h-1} \cdot p = p^h$,即同余式(1) 的解的个数为 p^h,与 r 的取值无关,这就证明了 $f(x_1, x_2) = x_1{}^p + px_2$ 是模 p^h 的置换多项式.

注　1965 年,Nobauer 证明了:

1) 设 $m = p_1{}^{\alpha_1} \cdots p_k{}^{\alpha_k}$ 是 m 的标准分解式,则 $f(x)$ 是模 m 的置换多项式当且仅当 $f(x)$ 是模 $p_i{}^{\alpha_i}$ 的置换多项式,$i = 1, \cdots, k$;

2) 设 p 是一个素数,$h > 1$ 是一个整数,则 $f(x)$ 是

模 p^h 的置换多项式当且仅当 $f(x)$ 是模 p 的置换多项式且 $f'(x) \equiv 0 (\bmod\ p)$ 无解,这里 $f'(x)$ 是 $f(x)$ 的导式. 对于多元($n > 1$) 的情形,1991 年,孙琦和万大庆证明了 Nobauer 定理的第一部分和第二部分的充分性可推广到 $f(x_1, \cdots, x_n)$ 的情形,但第二部分的必要性则不能. 第 120,121 和 122 题就是他们所得到的结果(见[1]). 第 122 题中的二元多项式 $f(x_1, x_2) = x_1^p + px_2$,因为

$$\frac{\partial f(x_1, x_2)}{\partial x_1} = px_1^{p-1} \equiv 0 (\bmod\ p)$$

$$\frac{\partial f(x_1, x_2)}{\partial x_2} = p \equiv 0 (\bmod\ p)$$

故 $f(x_1, x_2)$ 是模 p 奇异的,但对任给的整数 $h \geq 1$,它都是模 p^h 的置换多项式,这表明对 $n(n > 1)$ 元多项式,第 121 题 2) 的逆命题不真. Nobauer 的定理把模 m 的一元置换多项式约化到模 p 的情形,这是一项基础性的工作,但对于 $n(n > 1)$ 元的情形,问题尚未解决. 可见,多元置换多项式比一元的情形复杂得多. 对于二元的情形,张起帆做了不少有影响的工作. 例如,张起帆部分解决了 1991 年 Niederreiter 提出的一个公开问题:设 $q = p^k, k \geq 1, p$ 是一个素数,刻画在 F_q 的任何有限扩域上都是置换多项式的 n 元多项式 $f(x_1, \cdots, x_n)$(简称 s – 多项式),这里 $f(x_1, \cdots, x_n) \in F_q[x_1, \cdots, x_n]$(见[2]). 对于 $n = 1$ 的情形,1963 年,已由 Carlitz 解决:设 $f(x) \in F_q[x]$,则 $f(x)$ 为 s – 多项式当且仅当 $f(x) = ax^{p^h} + b, a, b \in F_q, a \neq 0, h \geq 0$. 用代数几何的方法,对 $n = 2$,张起帆在 2003 年证明了[3]:设 $f(x_1, x_2) \in F_q[x_1, x_2], \gcd(\frac{\partial f}{\partial x_1}, \frac{\partial f}{\partial x_2}) = 1$, 以及 $\deg f \not\equiv$

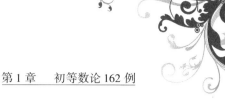

$0(\bmod p)$ ，则 $f(x_1,x_2)$ 是一个 s - 多项式当且仅当存在 $F_q[x_1,x_2]$ 的一个 F_q - 自同构 τ ，使得 $f(x_1,x_2)=\tau x_1$ ．2009 年，他和魏其矫还给了 $Z/(p^2)$ 上二元置换多项式一个好的刻画[4]．

　　置换多项式简单地讲就是表完全剩余系的多项式．由于与数论、组合数学、群论等数学分支的联系，以及在密码学中的应用，其理论得到迅速发展．特别在近年来，置换多项式在多变元公钥密码系统（Multivariable Public Key Cryptosystems）中的应用，令人瞩目．

[1] SUN Qi，WAN Daqing. Permutation polynomials in several indeterminates over $Z/mZ[M]$ // Proceeding of the Conference on Ordered Structure and Algebra of Computer Languages. Hong Kong：World Scientific，1993：248 − 252.

[2] NIEDERREITER H. Permutations in several indeterminates[M] // MULLEN G L，SHIUE P J. Finite Fields，Coding Theory and Advances in Communications and Computing. New York：Marcel Dekker，1993：433.

[3] ZHANG Qifan. On an open problem of Niederreiter[J]. Finite Fields and Appl. ，2003，9：150 − 156.

[4] WEI Qijiao，ZHANG Qifan. On Permutation polynomials in two variables over $Z/(p^2)[J]$. Acta Math. Sinica，2009，25(7)：1191 − 1200.

123. 任给正整数 n，可设 $2^k \leqslant n < 2^{k+1}, k \geqslant 0$，通常 n 可表示为二进制

$$n = (a_k a_{k-1} \cdots a_1 a_0) = \sum_{i=0}^{k} a_i \cdot 2^i, a_i = 0 \text{ 或 } 1 \quad (1)$$

n 也可表示为广义二进制

$$n = (b_h b_{h-1} \cdots b_1 b_0) = \sum_{i=0}^{h} b_i \cdot 2^i, b_i = 0, 1 \text{ 或 } -1$$

$$(2)$$

熟知，式(1)的表示是唯一的，式(2)的表示不唯一.
如果在式(2)中定义对任意的 $0 \leqslant i < h$，有 $b_i b_{i+1} = 0$，
则称 $(b_h b_{h-1} \cdots b_1 b_0)$ 为 n 的标准二进制表示. 证明：

1）存在 n 的标准二进制表示.

2）n 的标准二进制表示唯一.

证 可用带余除法给出 n 的标准二进制表示

$$n = m_0 = 2m_1 + b_0$$
$$m_1 = 2m_2 + b_1$$
$$\vdots$$
$$m_{h-2} = 2m_{h-1} + b_{h-2}$$
$$m_{h-1} = 2m_{h-2} + b_{h-1}$$
$$m_h = b_h = 1, h = k \text{ 或 } k+1$$

这里 k 满足式(1)，其中 m_j 为偶数时，取 $b_j = 0$；m_j 为奇数，当 $m_j \equiv 1 \pmod 4$ 时，取 $b_j = 1$，$m_j \equiv 3 \pmod 4$ 时，取 $b_j = -1$，此时均有 $m_{j+1} \equiv 0 \pmod 2$，$0 \leqslant j < h-1$.
这样就得到了 n 的一个标准二进制表示

$$n = (b_h b_{h-1} \cdots b_1 b_0) = \sum_{i=0}^{h} b_i \cdot 2^i =$$
$$b_0 + 2(b_1 + \cdots + 2(b_{h-1} + 2))$$

由于 $2^k \leqslant n < 2^{k+1}$，则 n 的最大值为 $2^{k+1} - 1$. $n =$

$2^{k+1} - 1$ 的广义二进制表示有两种,分别是

$$n = 2^k + 2^{k-1} + \cdots + 2 + 1 = (11\cdots11)$$

和

$$n = 2^{k+1} - 1 = (100\cdots0 - 1)$$

故 $h = k$ 或 $k + 1$. 这就证明了 1).

现证 2). 设 n 有两种标准二进制表示

$$(b_h b_{h-1} \cdots b_1 b_0) \text{ 和} (c_r \cdots c_1 c_0)$$

若 $b_0 = 0$,则 n 是偶数,故 $c_0 = 0$. 若 $b_0 \neq 0$,则 b_0 是奇数,故 $c_0 \neq 0$. 由定义可得

$$b_1 = c_1 = 1, \quad n \equiv b_0 \equiv c_0 (\bmod 4)$$

所以 $b_0 = c_0$. 依次类推,可得

$$b_i = c_i, \quad h = r, \quad i = 0, 1, \cdots, h$$

这就是 2) 的结论.

124. 设 n 是任给的一个正整数,则在 n 的一切广义二进制表示中,n 的标准二进制表示含有非零元的个数最少.

证　先引进一些记号:令 $E = \{A \mid A$ 为 n 的广义二进制表示$\}$,$A = (b_h b_{h-1} \cdots b_1)$ 的广义二进制表示中非零元的个数,称为该展式的 Hamming 重量,记为 $H(A)$. 令 $h(n) = \min\{H(A) \mid A \in E\}$.

先证明下面的论断:

若 $A \in E$,且 $H(A) = h(n)$,则对任给的 $a \in \{-1, 1\}$ 和 $i \geq 0$,总有

$$A \neq (\cdots, a, -a^{(i)}, \cdots) \tag{1}$$

这里 $-a^{(i)}$ 表示 A 的展开式中 2^i 的系数是 $-a$,下同.

如果论断(1) 不成立,则存在 $a \in \{-1, 1\}$ 和 $i \geq 0$,使得 $A = (\cdots, a, -a^{(i)}, \cdots)$. 由于 $a2^{i+1} - a2^i = a2^i$,

则 A 可化为 $B = (\cdots, 0, a^{(i)}, \cdots) \in E, H(B) = H(A) - 1$，这与所设 $H(A) = h(n)$ 矛盾. 这就证明了论断(1).

再证论断：若 $A = (\cdots, 0, \overset{s\uparrow}{\overbrace{a \cdots a}}{}^{(i)}, \cdots) \in E$，且 $H(A) = h(n)$，则对任意的非负整数 i，都有

$$S = 1 \text{ 或 } 2 \qquad\qquad (2)$$

如果论断(2)不成立，则 $S \geq 3$. 由于 A 的展开式中 S 项之和为

$$a2^{i+S-2} + a2^{i+S-2} + \cdots + a2^{i+1} + a2^i =$$
$$a2^i(2^S - 1) = a2^{i+S} - a2^i$$

则 A 可化为

$$C = (\cdots, a, \overset{s-1}{\overbrace{0 \cdots 0}}, -a^{(i)}, \cdots) \in E$$
$$H(A) - H(C) = S - 2 > 0$$

与所设 $H(A) = h(n)$ 矛盾，故论断(2)成立.

于是，由论断(1)和论断(2)可推出：设 $A \in E$，且 $H(A) = H(n)$，如果存在 i 和 $j, 0 \leq i < j$，使得

$$A = (\cdots, 0, a_j, \cdots, a_{i+1}, a_i, 0, \cdots)$$

其中 $a_i, a_{i+1}, \cdots, a_j \in \{-1, 1\}$，必有 $j = i + 1$，且 $a_i = a_{i+1}$. 因此，如果 A 不是 n 的标准二进制表示，则必存在 $a \in \{-1, 1\}$，以及最小的非负整数 i，使得 $A = (\cdots, 0, a, a^{(i)}, 0, \cdots)$. 由于 $a2^{i+1} + a2^i = a2^{i+2} - a2^i$，此变换用"$\to$"表示，则

$$A \to (\cdots, a^{(i+2)}, 0, -a, 0, \cdots) = A_1 \in E$$

且

$$H(A_1) = H(A) = h(n)$$

如果 A_1 不是标准二进制表示，则必存在 $b \in \{-1, 1\}$ 及最小的正整数 $r \geq i + 2$，使得

$$A_1 = \{\cdots, b, b^{(r)}, 0, \cdots\}$$

以及
$$A_1 \rightarrow A_2 = \{\cdots, b^{(i+2)}, 0, -b^{(r)}, 0, \cdots\} \in E$$
且
$$H(A_1) = H(A_2) = h(n)$$
对于给定的正整数 n 的广义二进制表示 A，我们从右（低位）至左（高位），依次施行变换"→"，经有限步变换
$$A \rightarrow A_1 \rightarrow A_2 \rightarrow \cdots \rightarrow A_m$$
后，必将终止下来，最后的结果 A_m 成为 n 的标准二进制表示，且有
$$H(A_m) = H(A) = h(n)$$
这就是本题的结论.

注　整数的标准二进制表示的定义来自文献 [1]. 当群元素求逆运算的计算量很小时，运用本题的结论，来计算元素的整数倍，比通常的算法计算量少. 文献 [1] 中介绍了这一算法在三种公钥密码体制上的应用. 特别地，对于 LUC 公钥密码体制，给出了一个新的算法. 标准二进制表示，国外称 Nonadjacent Form(NAF). 20 世纪 90 年代，有人用它来计算椭圆曲线公钥密码体制中群元的整数倍（称为 Addition-Substraction Method). 124 题的证明取自文献 [2]. 不难看出，证明的过程给出了一个把 n 的广义二进制表示，从低位到高位，转化成 n 的标准二进制表示的算法. 再次证明了 $h = k$ 或 $k+1$(h 和 k 的定义见 123 题)，与 123 题的结果一致.

[1] 孙琦,张起帆,彭国华. 计算群元的整数倍的一种算法及其在公钥密码学体制中的应用[C] // 王

育民，王新梅，李大兴. 密码学进展 ——
CHINACRYPT'2002，第七届中国密码学会学术
论文集. 北京：电子工业出版社，2002：117 – 124.

[2] 杨军. 对一个密码算法的注记[J]. 四川大学学报
（自然科学版），2001(3).

125. 设 p 是一个奇素数，$f(x_1, \cdots, x_n)$ 是一个次数
小于 n 的整系数多项式，满足
$$f(0, \cdots, 0) \equiv 0 \pmod p$$
则同余式
$$f(x_1, \cdots, x_n) \equiv 0 \pmod p \tag{1}$$
模 p 的解 $\{x_1, \cdots, x_n\}$ 的个数 N，满足 $p \mid N$，且模 p 非零
解的个数至少为 2.

证 设 $k \geqslant 0$，首先证明
$$\sum_{c=0}^{p-1} c^k \equiv \begin{cases} 0 \pmod p, & \text{如果 } k = 0 \text{ 或 } p-1 \nmid k \\ 1 \pmod p, & \text{如果 } k > 0 \text{ 且 } p-1 \mid k \end{cases} \tag{2}$$
若 $k = 0$，定义 $0^0 = 1$，式(2) 显然成立. 设 $k > 0, g$ 是 p
的一个元根，得
$$\sum_{c=0}^{p-1} c^k = \sum_{c=1}^{p-1} c^k \equiv \sum_{j=0}^{p-2} (g^j)^k = \sum_{j=0}^{p-2} (g^k)^j \equiv$$
$$\begin{cases} \dfrac{(g^k)^{p-1} - 1}{g^k - 1} \equiv 0 \pmod p, & \text{如果 } p-1 \nmid k \\ -1 \pmod p, & \text{如果 } p-1 \mid k \end{cases}$$
这就证明了式(2). 设 $h(x_1, \cdots, x_n)$ 是一个 n 元整系数
多项式，次数小于 $n(p-1)$. 我们来证明
$$\sum_{c_1=0}^{p-1} \cdots \sum_{c_n=0}^{p-1} f(c_1, \cdots, c_n) \equiv 0 \pmod p \tag{3}$$
由线性性质，只需证明式(3) 对单项式 $x_1^{k_1} \cdots x_n^{k_n} (k_1 \geqslant$

$0,\cdots,k_n \geqslant 0,k_1 + \cdots + k_n < n(p - 1))$ 成立. 由于
$$k_1 + \cdots + k_n < n(p - 1)$$
则至少有一个 k_j,满足
$$0 \leqslant k_j < p - 1$$
于是,由式(2)可得

$$\sum_{c_1 = 0}^{p-1} \cdots \sum_{c_n = 0}^{p-1} c_1^{k_1} \cdots c_n^{k_n} =$$

$$(\sum_{c_1 = 0}^{p-1} c_1^{k_1}) \cdots (\sum_{c_j = 0}^{p-1} c_j^{k_j}) \cdots (\sum_{c_n = 0}^{p-1} c_n^{k_n}) \equiv$$

$$0 (\bmod p)$$

这便证明了式(3). 考虑整系数多项式

$$G(x_1,\cdots,x_n) = 1 - f^{p-1}(x_1,\cdots,x_n)$$

显然,它具有性质:当 $f(c_1,\cdots,c_n) \equiv 0(\bmod p)$ 时,$G(c_1,\cdots,c_n) \equiv 1(\bmod p)$; 当 $f(c_1,\cdots,c_n) \not\equiv 0(\bmod p)$ 时,$G(c_1,\cdots,c_n) \equiv 0(\bmod p)$. 所以

$$\sum_{c_1 = 0}^{p-1} \cdots \sum_{c_n = 0}^{p-1} G(c_1,\cdots,c_n) \equiv N(\bmod p) \qquad (4)$$

由于 $f(x_1,\cdots,x_n)$ 的次数小于 n,故 $G(x_1,\cdots,x_n)$ 的次数小于 $n(p - 1)$. 由式(3)知,式(4)的左端 $\equiv 0(\bmod p)$,这就证明了 $p \mid N$. 由题设(1)有零解,则

$$N > 0, \quad N \geqslant p \geqslant 3$$

故式(1)的模 p 非零解至少有 2 个.

注 本题是 1935 年,Artin 提出的一个猜想,次年由 Chevally 证明,他证明的结果是在一般的有限域 F_q 上的情形,当 $q = p$ 时,即本题的内容. 所以通常把这一结果称为 Chevally 定理. 这一定理很基本,有许多应用. 例如,可以证明加法数论中一个命题:设 p 是一个素数,任给 $2p - 1$ 个整数 $a_j,j = 1,\cdots,2p - 1$,则在 $\{1,$

$2,\cdots,2p-1\}$ 中有一个子集 I，且 $|I|=p$，使得

$$\sum_{i\in I}a_i\equiv 0(\bmod\ p)$$

还可用来证明图论中的一个性质：每一个 4 - 正则加一边图包含一个 3 - 正则子图（参阅 [1]）．应用 Chevally 定理，还可证明代数的一个基本性质（Wedderburn 定理）：有限除环是域[2]．

前文第 65 例的注中，柯召先生和孙琦曾提出："设 $n\geq 2$，是否对于任意给定的 $2n-1$ 个整数，都能从中选出 n 个整数，其和被 n 整除？由于 $2n-2$ 个数

$$a_i=0,\quad a_{i+n-1}=1,\quad i=1,2,\cdots\cdots,n-1$$

中不能选出 n 个数，其和被 n 整除，所以 $2n-1$ 不能再小．"这一问题，在 20 世纪 80 年代初，引起了不少读者的兴趣．单墫[3] 和高维东[4] 用不同的方法分别独立地给出了解答，回答是肯定的．解决这一问题的关键是证明 $n=p$ 的情形，即证明上面提到的加法数论中的命题．后来才知道，这一问题，在 60 年代，已被 Erdös，Ginzburg 和 Ziv[5] 解决．Erdös - Ginzburg - Ziv 定理推动了加法数论中零和理论的形成和发展，成为这一研究领域中著名的基本定理．设 G 是一个有限 Abel 群，S 是由 G 的元构成的序列（元素允许重复，简称 S 是一个 G - 序列），如果 S 的所有项之和为 0（G 的单位元）则称 S 为一个零和序列．用 $D(G)$ 表示满足下面条件为最小正整数 d，任一个 G - 序列 S 如果其长度 $|S|\geq d$，就必包含一个非空的零和子序列，$D(G)$ 被称为 G 的 Davenport 常数．用 $S(G)$ 表示满足下面条件的最小正整数 t，任一个 G - 序列 S 如果 $|S|\geq t$，就必包含一个长度为 $|G|$ 的零和子序列．当 $G=Z_n$ 是一个 n 阶循环群时，Erdös - Ginzburg - Ziv 定理给出 $S(Z_n)=2n-1$．

熟知,如果 S 是 n 个整数组成的集,则存在 S 的某个非空子集,其诸元之和被 n 整除,且 n 不能再小,故 $G(Z_n) = n$,我们有 $S(Z_n) = n + D(Z_n) - 1$. 高维东完成文献[4] 时,还是一名在校大学生,由于喜欢数论和组合数学,从此走上了研究加法数论的道路. 今天,高维东在这一领域内,已做了不少有影响的工作. 特别是 1996 年,高维东[6] 证明了

$$S(G) = |G| + D(G) - 1$$

得到零和理论中两个重要的基本常数 $S(G)$ 和 $D(G)$ 之间一个简洁关系式,已成为零和理论中众所周知的结果. 以色列数学家 Alon. N 认为这一结果的证明非常精彩和巧妙.

[1] 柯召,孙琦. 数论讲义:下册[M]. 2 版. 北京:高等教育出版社,2003:87 - 90.

[2] SMALL C. Arithmetic of Finite Fields[M]. New York:Marcel Dekker,1991:73 - 76.

[3] 单墫. 关于初等数论的一个猜想[J]. 数学进展,1983,12:299 - 301.

[4] 高维东. 从任意 $2n - 1$ 个整数中必可选出 n 个使其和为 n 之倍数[J]. 东北师大学报(自然科学版),1985(4):15 - 17.

[5] ERDÖS P,GINZBURG A, ZIV A. A theorem in the additive number theory[J]. Bull. Res. Council Israel,1961,10F:41 - 43.

[6] GAO Weidong. A combinatorial problem on finite abelians groups[J]. J. Number Theory,1996,58:100 - 103.

126. 设 a,b,c 均为正整数，则

$$[a,b,c] = \frac{abc}{(ab,ac,bc)} \qquad (1)$$

证 设 p 是一个素数，且

$$p \mid abc, \quad p^\alpha \parallel a, \quad p^\beta \parallel b, \quad p^\gamma \parallel c$$

这里 α,β,γ 是非负整数，且不全为 0. 显然，可推出

$$p^{\alpha+\beta+\gamma} \parallel abc$$

$$p^{\max\{\alpha,\beta,\gamma\}} \parallel [a,b,c]$$

$$p^{\min\{\alpha+\beta,\alpha+\gamma,\beta+\gamma\}} \parallel (ab,ac,bc)$$

因此，由整数的唯一分解定理知，要证明式（1）成立，只需证明对 abc 的每一个素因子 p,α,β,γ 满足

$$\max\{\alpha,\beta,\gamma\} =$$
$$\alpha+\beta+\gamma - \min\{\alpha+\beta,\alpha+\gamma,\beta+\gamma\} \qquad (2)$$

成立，即 p 出现在式（1）的左端和右端的方幂相同.

证明式（2）成立，需要考虑 α,β,γ 之间 6 种大小关系. 我们来讨论其中的一种情形，其余 5 种可类似地证明. 不妨设 $\alpha \leq \beta \leq \gamma$，则左端为 γ，右端 $= \alpha+\beta+\gamma-(\alpha+\beta)=\gamma$，故式（2）成立，即知式（1）成立.

注 类似的方法可证

$$(ab,ac,bc) = \frac{(a,b)(a,c)(b,c)}{(a,b,c)}$$

把上式代入式（1），可得另一个关系式

$$[a,b,c] = \frac{abc(a,b,c)}{(a,b)(a,c)(b,c)} \qquad (3)$$

并推出 $[a,b,c] = abc$ 当且仅当 $(a,b) = (a,c) = (b,c) = 1$. 本题选自文献[1]中 §4 的一个习题，解法有所不同.

式（3）可以推广到任意 n 个正整数的情形. 设

$n > 1, a_1, a_2, \cdots, a_n$ 为任意 n 个正整数,则有

$$[a_1, a_2, \cdots, a_n] =$$

$$a_1 a_2 \cdots a_n \prod_{r=2}^{n} \prod_{1 \leqslant i_1 < \cdots < i_r \leqslant n} (a_{i_1}, \cdots, a_{i_r})^{(-1)^{r-1}} \quad (4)$$

(参阅文献[2]). 2007 年,Farhi[3] 证明了

$$g_k(n) = \frac{n(n+1)\cdots(n+k)}{[n, n+1, \cdots, n+k]}$$

是一个周期数论函数. 2009 年,Farhi 和 Kane[4] 得到了它的最小正周期. 对于更广泛的数论函数

$$g_{k,a,b}(n) =$$

$$\frac{(b+an)(b+a(n+1)+\cdots+(b+a(n+k))}{[b+an, b+a(n+1)+\cdots+b+a(n+k)]}$$

2011 年,洪绍方和千有国[5] 证明了 $g_{k,a,b}(n)$ 也是一个周期函数,且给出了它的最小正周期. 这些工作可追溯到估计数论函数 $L(n) = [1, 2, \cdots, n]$,它和著名的素数定理以及切比雪夫(Чебышеь) 不等式有关联(参阅文献[6]).

[1] 潘承洞,潘承彪. 简明数论[M]. 北京:北京大学出版社,1998.

[2] 华罗庚. 数论导引[M]. 北京:科学出版社,1957.

[3] FARHI B. Nontrivial lower bounds for the least common multiple of some finite sequences of integers[J]. J. Number theory,2007(125):393 – 411.

[4] FARHI B, KANE D. New results on the least common multiple of consecutive integers[J]. Proc. Amer. Math. Soc. ,2009(137):1933 – 1939.

[5] HONG S, QIAN G. The least common multiple of

consecutive arithmetic progression terms[J]. Proc. Edinburgh Math, Soc., 2011(54):431 – 441.

[6] NAIR M. On Chebyshev – type inequalities of primes[J]. Amer. Math. Monthly, 1982(89): 126 – 129.

127. 设 $d_1, d_2, \cdots, d_n$ 是 n 个正整数, $u_i = (d_i, \dfrac{d_1 \cdots d_n}{d_i})$, 则

$$u_i = \left(u_i, \frac{u_1 \cdots u_n}{u_i} \right) \tag{1}$$

证 对于任意给定的素数 p, 设

$$p^{h_i} \parallel d_i, \quad p^{l_i} \parallel u_i, \quad p^{e_i} \parallel \frac{u_1 \cdots u_n}{u_i}, \quad i = 1, \cdots, n$$

显然有

$$l_i = \min\{h_i, \sum_{j \neq i} h_j\}$$

和

$$e_i = \sum_{j \neq i} \min\{h_j, \sum_{j \neq k} h_k\}$$

因此, 式(1)成立当且仅当对所有的素数 p 和对所有的 $i(1 \leqslant i \leqslant n)$, 不等式 $l_i \leqslant e_i$ 成立, 即下面的不等式成立

$$\min\{h_i, \sum_{j \neq i} h_j\} \leqslant \sum_{j \neq i} \min\{h_j, \sum_{j \neq k} h_k\} \tag{2}$$

我们分两种情况来讨论:

情形 Ⅰ: 对某个 $j \neq i, h_i \leqslant h_j$. 此时

$$\min\{h_i, \sum_{j \neq i} h_j\} = h_i \leqslant \min\{h_j, \sum_{j \neq k} h_k\} \tag{3}$$

显然,式(3) 的右边 ≤ 式(2) 的右边,即式(2) 成立.

情形 II:对于所有的 $j \neq i$, $h_i \geqslant \max h_j$. 此时

$$\min\{h_i, \sum_{j \neq i} h_j\} \leqslant \sum_{j \neq i} h_j \leqslant \sum_{j \neq i} \min\{h_j, \sum_{j \neq k} h_k\}$$

式(2) 也成立. 这就证明了式(1) 成立.

注　127 题是文献[1] 中得到的一个性质,用来讨论有限域上对角方程的解数. 当 $\omega_j = (d_j, [d_i : i \neq j])$ 时,仍有 $\omega_j = (\omega_j, [\omega_i : i \neq j])$,参见[2].

[1] SUN Qi, WAN Daqing. On the Diophantine Equation $\sum_{i=1}^{n} x_i/d_i \equiv 0(\mathrm{mod}\ 1)$ [J]. Proc. AMS, 1991(112):25 – 29.

[2] GRANVILLE A, LI Shuguang, SUN Qi. On the number of solutions of the equation $\sum_{i=1}^{n} x_i/d_i \equiv 0(\mathrm{mod}\ 1)$ and of diagonal equations in finite fields[J]. 四川大学学报(自然科学版), 1995(32):243 – 248.

128. 设 $d_i > 1$ 是 n 个整数, $i = 1, \cdots, n$. $A(d_1, \cdots, d_n)$ 是方程

$$\sum_{i=1}^{n} \frac{y_i}{d_i} \equiv 0(\mathrm{mod}\ 1), \quad 0 < y_i < d_i, \quad i = 1, \cdots, n$$

$$(1)$$

的整数解 $\{y_1, \cdots, y_n\}$ 的个数. 证明:如果 $n = 2$,则方程(1) 有解的充分必要条件是 $d = (d_1, d_2) > 1$,且当 $d > 1$ 时, $A(d_1, d_2) = d - 1$,其解为

$$\{y_1, y_2\} = \left\{ j\frac{d_1}{d}, d_2\frac{d-j}{d} \right\}, \quad j = 1, \cdots, d-1 \quad (2)$$

证　$n = 2$ 时,方程(1) 化为

$$\frac{y_1}{d_1} + \frac{y_2}{d_2} \equiv 0 \pmod 1, \quad 0 < y_1 < d_1, \quad 0 < y_2 < d_2$$
$$(3)$$

如果式(3) 有解,则有 $(d_1, d_2) = d > 1$,否则,由 $d = 1$ 和式(3) 推出 $d_1 \mid y_1$,与 $0 < y_1 < d_1$ 矛盾. 反之,设 $(d_1, d_2) = d > 1$,式(3) 与不定方程

$$\frac{y_1}{d_1} + \frac{y_2}{d_2} = 1, \quad 0 < y_1 < d_1, \quad 0 < y_2 < d_2 \quad (4)$$

等价. 由式(4) 得

$$y_1 \frac{d_2}{d} + y_2 \frac{d_1}{d} = \frac{d_1 d_2}{d} \tag{5}$$

再由 $\left(\dfrac{d_1}{d}, \dfrac{d_2}{d}\right) = 1$,得到

$$\frac{d_1}{d} \mid y_1$$

令 $y_1 = j\dfrac{d_1}{d}, j = 1, \cdots, d - 1$,代入式(5) 得

$$y_2 = d_2 - j\frac{d_2}{d} = d_2 \frac{d - j}{d}, \quad j = 1, \cdots, d - 1$$

由于 $0 < j\dfrac{d_1}{d} < d_1, 0 < d_2 \dfrac{d-j}{d} < d_2$,即知 $n = 2$ 时,式 (2) 给出了方程(1) 的全部解,以及 $A(d_1, d_2) = d - 1$.

129. 设 $d_1 \leqslant d_2 \leqslant \cdots \leqslant d_n, d_i \mid d_{i+1}, i = 1, \cdots, n - 1$,则

$$\begin{aligned}
A(d_1, \cdots, d_n) = {} & \prod_{i=1}^{n-1}(d_i - 1) - \prod_{i=1}^{n-2}(d_i - 1) + \cdots + \\
& (-1)^{n-1}(d_2 - 1)(d_1 - 1) + \\
& (-1)^n(d_1 - 1) \tag{1}
\end{aligned}$$

其中，$A(d_1,\cdots,d_n)$ 的定义见 128 题.

证　如果 $\{u_1,\cdots,u_n\}$ 是方程

$$\frac{y_1}{d_1} + \cdots + \frac{y_{n-1}}{d_{n-1}} + \frac{y_n}{d_n} \equiv 0(\bmod 1)$$

$$d_j > 1, \quad 0 < y_j < d_j$$

$$j = 1,\cdots,n, \quad d_i \mid d_{i+1}, \quad i = 1,\cdots,n-1 \quad (2)$$

的一组解，则 $\{u_1,\cdots,u_{n-1}\}$ 是

$$\frac{x_1}{d_1} + \cdots + \frac{x_{n-1}}{d_{n-1}} \not\equiv 0(\bmod 1), \quad d_j > 1, \quad 0 < x_j < d_j$$

$$j = 1,\cdots,n-1, \quad d_i \mid d_{i+1}, \quad i = 1,\cdots,n-2 \quad (3)$$

的一组解. 显然式(2) 的两个不同的解，用以上方法可得式(3) 的两个不同的解. 反之，设 $\{v_1,\cdots,v_{n-1}\}$ 是式(3) 的任一组解，我们来证明存在式(2) 的一组解 $\{z_1,\cdots,z_{n-1},z_n\}$，使得 $z_j = v_j, j = 1,\cdots,n-1$. 把 $v_1,v_2,\cdots,v_{n-1}$ 代入式(2)，得

$$\frac{v_1}{d_1} + \cdots + \frac{v_{n-1}}{d_{n-1}} + \frac{y_n}{d_n} \equiv 0(\bmod 1) \qquad (4)$$

只需证明：存在 $y_n = z_n$，满足 $0 < z_n < d_n$，使式(4) 成立. 由于

$$\frac{v_1}{d_1} + \cdots + \frac{v_{n-1}}{d_{n-1}} \not\equiv 0(\bmod 1)$$

$$d_i \mid d_{i+1}, \quad i = 1,\cdots,n-2$$

由带余除法知，存在唯一的整数 f，使得

$$\frac{v_1}{d_1} + \cdots + \frac{v_{n-1}}{d_{n-1}} = q + \frac{f}{d_{n-1}}$$

其中，q 是一个整数，$0 < f < d_{n-1}$. 将其代入式(4)，故只需证明：对于给定的 f, d_{n-1}, d_n，存在 $y_n = z_n$，满足

$$\frac{f}{d_{n-1}} + \frac{z_n}{d_n} \equiv 0(\bmod 1), \quad 0 < z_n < d_n$$

这等价下式

$$\frac{f}{d_{n-1}} + \frac{z_n}{d_n} = 1, \quad 0 < z_n < d_n \tag{5}$$

有解.

设 $d_n = h d_{n-1}$,式(5)给出 $z_n = d_n - hf$,且 $0 < z_n < d_n$. 设 $B(d_1, \cdots, d_{n-1})$ 和 $A(d_1, \cdots, d_n)$ 分别表示式(3)和式(2)解的个数,以上证明了

$$A(d_1, \cdots, d_n) = B(d_1, \cdots, d_{n-1})$$

而

$$A(d_1, \cdots, d_{n-1}) = \sum_{j=1}^{n-1} (d_j - 1) - B(d_1, \cdots, d_{n-1})$$

故

$$A(d_1, \cdots, d_n) = \sum_{j=1}^{n-1} (d_j - 1) - A(d_1, \cdots, d_{n-1}) \tag{6}$$

由递推公式(6),便有

$$A(d_1, \cdots, d_{n-1}) = \sum_{j=1}^{n-2} (d_j - 1) - A(d_1, \cdots, d_{n-2})$$

$$\vdots$$

$$A(d_1, d_2, d_3) = (d_2 - 1)(d_1 - 1) - A(d_1, d_2)$$

由于 $(d_1, d_2) = d_1 > 1$,128 题的结果给出 $A(d_1, d_2) = d_1 - 1$,依次代入,便得方程(1).

注 128 题中方程(1)及其解的个数 $A(d_1, \cdots, d_n)$,在有限域 F_q 上对角方程的解和有限域上代数簇的 Zeta 函数等研究中,有不少应用. 例如,在 1949 年,Weil 猜想:有限域 F_q 上一类由 d 次型 $f(x_1, \cdots, x_n)$ 所定义的绝对非奇异的代数簇的 Zeta 函数 $Z(t)$ 是有理函数,形如

$$Z(t) = \frac{P(t)^{(-1)^n}}{(1 - t)(1 - qt) \cdots (1 - q^{n-1}t)}$$

这里 $P(t)$ 是一个整系数多项式,次数为

$$\frac{1}{d}((d-1)^{n+1} + (-1)^{n+1}(d-1))$$

(限于篇幅,这里仅列出猜想的一部分,全部内容可参阅[1]). 令 $d_1 = \cdots = d_n = d$,由本题可得

$$A(d,\cdots,d) = \frac{1}{d}((d-1)^{n+1} + (-1)^{n+1}(d-1))$$

1959 年,Dwork 解决了猜想的部分, 剩下部分由 Deligne 在 1973 年解决. 对 Weil 猜想的研究,有力地推动了算术代数几何的发展. 近十多年来,在算术代数几何和 p-adic 分析领域内又有重要进展,其中最为突出的成果之一是万大庆发展了 p-adic Banach 空间的理论,证明了 Dwork 在 1973 年提出的一个猜想(这里猜想可以看做 Weil 猜想的 p-adic 推广),其证明分三篇长文,在 1999 年和 2000 年间,分别发表在国际顶尖刊物 Ann. of Math. 和 J. Amer. Math. Soc. 上. 万大庆关于 Dwork 猜想的工作在国际数学界影响很大,得到多位国际一流数学家很高的评价.

$A(d_1,\cdots,d_n)$ 存在一般的计算公式,即
$$A(d_1,\cdots,d_n) =$$

$$(-1)^n + \sum_{k=1}^{n}(-1)^{n-k}\sum_{1\leqslant i_1 < i_2 < \cdots < i_k \leqslant n}\frac{d_{i_1}\cdots d_{i_k}}{[d_{i_1},\cdots,d_{i_k}]}$$

这一复杂的公式,曾有多人先后独立得到,可参阅下面两文献[2],[3].

[1] IRELAND K,ROSEN M. A classical introduction to Modern Number Theory[M]. 2nd ed. New York:Springer-Verlag,1990:163.

[2] 柯召,孙琦. 数论讲义:下册[M]. 2 版. 北京:高等教育出版社,2003.

[3] BERNDT B C,EVANS E J,WILLIAMS K S. Gauss and Jacobi Sums[M]. New York:Wiley-Interscience, 1998.

130. 设 $r+1(r \geqslant 1)$ 个正整数的素因子总共只包含 r 个素数,则存在这些整数的一个子集,它所包含的所有整数的乘积是完全平方数.

证 设 $a_1,\cdots,a_r,a_{r+1}$ 是 $r+1$ 个正整数,记 $A = \{a_1,\cdots,a_r,a_{r+1}\}$. 不妨设 A 中的数两两不等,否则有 $a_i = a_j,1 \leqslant i < j \leqslant r+1$,则 $a_i a_j = a_i^2$,命题得证. 显然,A 的非空子集为:

含 1 个数的子集是:$\{a_1\},\cdots,\{a_r\},\{a_{r+1}\}$,共 $\binom{r+1}{1} = r+1$ 个;

含 2 个数的子集是:$\{a_1,a_2\},\cdots,\{a_1,a_{r+1}\},\cdots,$ $\{a_r,a_{r+1}\}$,共 $\binom{r+1}{2} = \dfrac{r(r+1)}{2}$ 个;

$$\vdots$$

含 r 个数的子集是:$\{a_1,\cdots,a_{r-1},a_r\},\{a_1,\cdots,a_{r-1},a_{r+1}\},\cdots,\{a_2,\cdots,a_r,a_{r+1}\}$,共 $\binom{r+1}{r} = r+1$ 个;

含 $r+1$ 个数的子集是 A 本身,共 $\binom{r+1}{r+1} = 1$ 个.

它们所包含的所有整数的积,分别是

$$a_1, a_2, \cdots, a_{r+1}$$
$$a_1 a_2, \cdots, a_1 a_{r+1}, \cdots, a_r a_{r+1}$$
$$\vdots \qquad\qquad (1)$$
$$a_1 a_2 \cdots a_r, a_1 \cdots a_{r-1} a_{r+1}, \cdots, a_2 \cdots a_r a_{r+1}$$
$$a_1 a_2 \cdots a_r a_{r+1}$$

这些乘积的总个数(即 A 的全部非空子集的总数)为

$$\binom{r+1}{1} + \binom{r+1}{2} + \cdots + \binom{r+1}{r+1} = 2^{r+1} - 1$$

设 $p_1, \cdots, p_r$ 为 A 中 $r+1$ 个整数的全部素因子. 由整数的唯一分解定理知,式(1)中的每一个乘积,均可唯一地表示为

$$p_1^{\alpha_1} \cdots p_r^{\alpha_r} \quad (\alpha_1, \alpha_2, \cdots, \alpha_r \text{ 均为非负整数}) \quad (2)$$

熟知,式(2)中的数是一个平方数当且仅当 $\alpha_1, \cdots, \alpha_r$ 全为偶数. 因此,考虑式(1)中的乘积是否是完全平方数,只需考虑它对应的 $\alpha_1, \cdots, \alpha_r$ 模 2 的余数,此时,α_j 取 0 或 1 $(j=1,\cdots,r)$,$\{\alpha_1, \cdots, \alpha_r\}$ 模 2 所有可能的个数是 2^r 个,而 $2^{r+1} - 1 > 2^r$,由抽屉原理知,式(1)中至少有两个不同的乘积 I 和 J 在式(2)中对应的 $\{\alpha_1, \cdots, \alpha_r\}$ 模 2 相同,IJ 即是一个完全平方数,记为 $IJ = K^2$,K 是一个正整数. 由于 I 和 J 是式(1)中不同的乘积,且 A 中各数无两个相同,设

$$I = \alpha_{i_1} \cdots \alpha_{i_t}, \quad J = \alpha_{j_1} \cdots \alpha_{j_s}$$
$$\{\alpha_{i_1}, \cdots, \alpha_{i_t}\} \cap \{\alpha_{j_1}, \cdots, \alpha_{j_s}\} = H$$

可得

$$\frac{IJ}{\prod\limits_{a \in H} a^2} = \frac{K^2}{\prod\limits_{a \in H} a^2} \qquad (3)$$

此时,式(3)的左端是式(1)中某个乘积,右端是一个完全平方数,这就证明了本题的结论.

注 本题选自文献[1]中第81页的问题3.3.24,这里的解答是我们给出的.

[1] 拉森 L C. 美国大学生数学竞赛例题选讲[M]. 潘正义,译. 北京:科学出版社,2003.

131. 设 p 是一个素数,取 p 的一个完全剩余系$\{0,1,\cdots,p-1\}$,按模 p 的加法和乘法运算,构成一个域,记为 F_p.

1) 用两种方法计算元素取自 F_p 的所有二阶可逆矩阵的个数.

2) 计算元素取自 $Z/(26)$(模26的剩余类环)的所有二阶可逆矩阵的个数.

解 首先求本题的第1)部分. 设元素取自 F_p 的任一个二阶可逆矩阵

$$\boldsymbol{M} = \begin{pmatrix} a & b \\ c & d \end{pmatrix}, \quad (p, ad - bc) = 1 \qquad (1)$$

显然,元素取自 F_p 的全部二阶矩阵的个数为 p^4. 设同余式

$$ad - bc \equiv 0 \pmod{p}, \quad a, b, c, d \in F_p \qquad (2)$$

解$\{a, b, c, d\}$的个数为 N,式(1)中$\boldsymbol{M}$的个数为 N_1,则有

$$N_1 = p^4 - N \qquad (3)$$

如果 $ad \equiv 0 \pmod{p}$,则 $bc \equiv 0 \pmod{p}$,从而$\{a, d\}$和$\{b, c\}$分别有 $2p-1$ 个解:$\{0,1\}, \{0,2\}, \cdots, \{0, p-1\}, \{1,0\}\{2,0\}, \cdots, \{p-1, 0\}, \{0,0\}$. 于是得到式(2)在 $ad \equiv bc \equiv 0 \pmod{p}$ 时,有$(2p-1)^2$ 个解. 现设

148

$$ad \equiv e(\bmod\, p)\,,\quad bc \equiv e(\bmod\, p)\,,\quad 1 \leqslant e \leqslant p - 1$$

则同余式(2)有$(p - 1)^3$个解. 于是,得

$$N = (2p - 1)^2 + (p - 1)^3$$

将上式代入式(3),便知

$$N_1 = p^4 - (2p - 1)^2 - (p - 1)^3 = (p^2 - 1)(p^2 - p)$$

下面,用另一种方法来计算 N_1. 因为可逆矩阵 $\boldsymbol{M}$ 的行列式 $|\boldsymbol{M}|$ 满足 $(|\boldsymbol{M}|, p) = 1$, 故 $\boldsymbol{M}$ 的第一行只能取 $p^2 - 1$ 个非零向量. 设 $\boldsymbol{M}$ 的第一行 $\boldsymbol{A}_1 = (a, b)$ 是一个非零向量, 与 $\boldsymbol{A}_1$ 相关的非零向量有 $p - 1$ 个: $k\boldsymbol{A}_1$, $k = 1, \cdots, p - 1$; $\boldsymbol{M}$ 的第二行只能取与第一行无关的非零向量, 共 $p^2 - 1 - (p - 1) = p^2 - p$ 个, 这就证明了 $N_1 = (p^2 - 1)(p^2 - p)$, 完成了对 1) 的求解.

现求本题的第 2) 部分. 设 $Z/(26)$ 上所有二阶可逆矩阵的集为 S, F_2 上所有二阶可逆矩阵的集为 S_1, F_{13} 上所有二阶可逆矩阵的集为 S_2. 设

$$\boldsymbol{A} \in S\,,\quad \boldsymbol{A} = \begin{pmatrix} a & b \\ c & d \end{pmatrix}\,,\quad |\boldsymbol{A}| = ad - bc$$

$$(|\boldsymbol{A}|, 26) = 1 \tag{4}$$

对 $\boldsymbol{A}$ 中各数,分别取模 2 和模 13,得

$$\boldsymbol{A} \equiv \boldsymbol{D}_1 = \begin{pmatrix} a_1 & b_1 \\ c_1 & d_1 \end{pmatrix} (\bmod\, 2)$$

$$\boldsymbol{A} \equiv \boldsymbol{D}_2 = \begin{pmatrix} a_2 & b_2 \\ c_2 & d_2 \end{pmatrix} (\bmod\, 13)$$

由式(4),有

$$(|\boldsymbol{D}_1|, 2) = (|\boldsymbol{D}_2|, 13) = 1$$

即　　　　　　$\boldsymbol{D}_1 \in S_1\,,\quad \boldsymbol{D}_2 \in S_2$

反之,任给一对 $\{\boldsymbol{D}_1, \boldsymbol{D}_2\}$, $\boldsymbol{D}_1 \in S_1$, $\boldsymbol{D}_2 \in S_2$, 不妨设

$$D_i = \begin{pmatrix} a_i & b_i \\ c_i & d_i \end{pmatrix}, \quad i = 1,2 \qquad (5)$$

对式(5) 中 D_1 和 D_2 各整数,用孙子定理,分别解以下各同余式组

$$a \equiv a_1(\bmod 2), \quad a \equiv a_2(\bmod 13)$$
$$b \equiv b_1(\bmod 2), \quad b \equiv b_2(\bmod 13)$$
$$c \equiv c_1(\bmod 2), \quad c \equiv c_2(\bmod 13)$$
$$d \equiv d_1(\bmod 2), \quad d \equiv d_2(\bmod 13)$$

可以唯一决定一个二阶矩阵

$$A = \begin{pmatrix} a & b \\ c & d \end{pmatrix}, \quad A \in S$$

于是,映射 $A \leftrightarrow \{D_1, D_2\}$ 是 S 和 $S_1 \times S_2$ 之间的一一对应. 由本题第1) 部分的结论知

$$|S_1| = (2^2 - 1)(2^2 - 2) = 6$$
$$|S_2| = (13^2 - 1)(13^2 - 13) = 26\,208$$

故

$$|S| = |S_1||S_2| = 157\,248$$

这就得到了2) 要求的结果.

注 本题第1) 部分选自[1]. 第2) 部分选自[2],其背景是1929 年,Hill 提出的一类经典对称密码,其密钥取自 $Z/(26)$ 上的可逆矩阵.

[1] KOBLETZ N. A course in Number Theory and Cryptography[M]. New York:Springer-Verlag, 1987:77.

[2] STINSON D R. Cryptography:Theory and Practice [M]. [S. l.]:CRC Press,1995.

132. 设 $n \geqslant 2$ 是一个整数,计算元素取自 F_p 的所有 n 阶可逆矩阵的个数.

证　设 n 阶矩阵

$$
A = \begin{pmatrix}
a_{1,1} & a_{1,2} & \cdots & a_{1,n} \\
a_{2,1} & a_{2,2} & \cdots & a_{2,n} \\
\vdots & \vdots & & \vdots \\
a_{n-1,1} & a_{n-1,2} & \cdots & a_{n-1,n} \\
a_{n,1} & a_{n,2} & \cdots & a_{n,n}
\end{pmatrix} \tag{1}
$$

$$
a_{i,j} \in F_p, \quad i,j = 1,2,\cdots,n
$$

现在,我们来直接构造一个元素取自 F_p 的 n 阶可逆矩阵,如果 A 是可逆矩阵,则 A 的第一行诸元素构成的行向量

$$
A_1 = \{a_{1,1}, a_{1,2}, \cdots, a_{1,n}\}
$$

只能是非零向量,故 A_1 可选 $p^n - 1$ 个非零向量中的任一个;设 A 的第二行构成的行向量

$$
A_2 = \{a_{2,1}, a_{2,2}, \cdots, a_{2,n}\}
$$

它只能是与 A_1 线性无关的非零向量,这样的非零向量共有

$$
p^n - 1 - (p - 1) = p^n - p
$$

个,故 A_2 可选这 $p^n - p$ 个向量中的任一个;于是, A 的第三行构成的行向量

$$
A_3 = \{a_{3,1}, a_{3,2}, \cdots, a_{3,n}\}
$$

只能是与 A_1 和 A_2 线性无关的非零向量,这样的非零向量共有

$$
p^n - 1 - (p^2 - 1) = p^n - p^2
$$

个(因为与 A_1 和 A_2 线性相关的非零向量有 $p^2 - 1$ 个: $k_1 A_1 + k_2 A_2, k_1, k_2 \in F_p, k_1, k_2$ 不全为 0).由类似地讨论可知, A 的第 n 行构成的行向量

$$A_n = \{a_{n,1}, a_{n,2}, \cdots, a_{n,n}\}$$

只能选与 $A_1, A_2, \cdots, A_{n-1}$ 线性无关的非零向量(它们共有 $p^n - 1 - (p^{n-1} - 1) = p^n - p^{n-1}$ 个)中的任一个. 设(1)中全部可逆矩阵的个数为 N,则

$$N = (p^n - 1)(p^n - p)(p^n - p^2) \cdots (p^n - p^{n-1}) \quad (2)$$

注 由式(2)不难得到式(1)中行列式等于1的全体可逆矩阵的个数为 $\dfrac{N}{p-1}$,这就证明了 K. Ireland,M. Rosen 书中(见 129 题注)第 10 章练习的第 6 题.

对于全体 n 阶整数矩阵的集,记为 $M_n(\mathbf{Z})$. 对 $M_n(\mathbf{Z})$ 取模 2 进行分类:任给两个 n 阶整数矩阵 A 和 B,属于同一类当且仅当 $A \equiv B \pmod{2}$,即 A 和 B 对应的元分别模 2 同余. 这是一个等价关系,把 $M_n(\mathbf{Z})$ 分成 2^{n^2} 个等价类. 如果每一个类取一个由 0 或 1 组成的 n 阶矩阵为代表,它们组成的完全剩余系恰为 $F_2 = \{0, 1\}$ 上的全体 n 阶矩阵,个数为 2^{n^2},其中全部可逆矩阵的个数设为 N_1,由式(2)可知

$$N_1 = (2^n - 1)(2^n - 2) \cdots (2^n - 2^{n-1})$$

它们的行列式的值均为 1. 以上表明,对全体 n 阶整数矩阵,取模 2 进行分类,得到 2^{n^2} 个等价类,这当中恰有

$$(2^n - 1)(2^n - 2) \cdots (2^n - 2^{n-1})$$

个类,其中每一个类中的 n 阶整数矩阵的值是奇数,这也回答了 L. C. 拉森书中(见 130 题注)的问题 3.2.12.

133. 设 p 是一个奇素数,$d = \dfrac{p-1}{2}$,$n > 0$,$a_1, \cdots,$ a_n 是 n 个给定的非零整数. 当 $\varepsilon_1, \varepsilon_2, \cdots, \varepsilon_n$ 分别独立

地取 0，±1 时，除了 $\varepsilon_1 = \varepsilon_2 = \cdots = \varepsilon_n = 0$ 外，均有

$$\sum_{j=1}^{n} \varepsilon_j a_j \neq 0 \qquad (1)$$

且满足

$$\sum_{j=1}^{n} |a_j| < p \qquad (2)$$

则不定方程

$$a_1 x_1^d + \cdots + a_n x_n^d = 0 \qquad (3)$$

除了有解 $x_j = 0 (j = 1, \cdots, n)$ 外，无其他的整数解.

证　如果不定方程 (3) 有一组非零解 $\{u_1, \cdots, u_n\}$，不妨设 $(u_1, \cdots, u_n) = 1$. 设 $u_1, \cdots, u_n$ 中不被 p 整除的数共有 k 个，显然，$1 \le k \le n$，设为 $u_{i_t}, t = 1, \cdots, k$，$1 \le i_1 < \cdots < i_k \le n$. 由条件 (2) 知

$$p \nmid a_j, \quad j = 1, \cdots, n$$

于是，由 $d = \dfrac{p-1}{2}$ 和 Fermat 小定理推出

$$u_{i_t}^{\frac{p-1}{2}} \equiv \pm 1 \pmod{p}, \quad t = 1, \cdots, k$$

故对式 (3) 取模 p，得

$$\pm a_{i_1} \pm a_{i_2} \pm \cdots \pm a_{i_k} \equiv 0 \pmod{p} \qquad (4)$$

再由条件 (1) 知，式 (4) 左端不为 0，故式 (4) 给出

$$p \le |\pm a_{i_1} \pm a_{i_2} \pm \cdots \pm a_{i_k}| \le$$

$$|a_{i_1}| + |a_{i_2}| + \cdots + |a_{i_k}| \le \sum_{j=1}^{n} |a_j|$$

与条件 (2) 矛盾. 这就证明了本题.

注　不定方程 (3) 是 Fermat 方程 $x^n + y^n = z^n$ 的推广. 除了 Fermat 猜想外，对于推广的 Fermat 方程 (3)，历史上也有不少人研究过，如 Ankeny 和 Erdös，Powell，Granville，孙琦等. 本题是所有结果中最简单

的一个. 2001 年,罗家贵和孙琦证明了:设整数 $m > 1$, $d = \dfrac{p^f - 1}{m}$, p 是一个素数, f 是 p 模 m 的次数,方程 (3) 中的系数满足条件 (1) 和 $\sum\limits_{j=1}^{n} |a_j| < \sqrt[\varphi(m)]{p^f}$,则方程 (3) 除了 $x_j = 0 (j = 1, \cdots, n)$ 外,无其他的整数解,其中 $\varphi(m)$ 为 Euler 函数 (见 [1]). 这一结果对原有的工作有较大的改进.

[1] LUO Jiagui, SUN Qi. On Diagonal Equations over Finite Fields [J]. Finite Fields and Their Appl. ,2001(7):189 – 196.

134. 证明不定方程
$$x^4 - 2y^2 = 1 \qquad\qquad (1)$$
除 $x = \pm 1$, $y = 0$ 外,无其他的整数解.

证 方程 (1) 如有解,显然 x 为奇数,对方程 (1) 取模 4 知, y 为偶数. 故方程 (1) 可化为

$$\left(\frac{x^2 + 1}{2}\right)\left(\frac{x^2 - 1}{2}\right) = 2\left(\frac{y}{2}\right)^2 \qquad (2)$$

因为 $\left(\dfrac{x^2 + 1}{2}, \dfrac{x^2 - 1}{2}\right) = 1$,以及 $\dfrac{x^2 + 1}{2}$ 为奇数,由方程 (2) 可得

$$\frac{x^2 + 1}{2} = y_1{}^2, \quad \frac{x^2 - 1}{2} = 2y_2{}^2, \quad y = 2y_1y_2 \quad (3)$$

这里 $(y_1, y_2) = 1$, y_1 是奇数. 由方程 (3) 中第二个等式推出

$$x^2 - (2y_2)^2 = 1$$

于是有

$$x + 2y_1 = \pm 1, \quad x - 2y_1 = \pm 1$$

即知

$$x = \pm 1, \quad y_2 = 0$$

这就证明了不定方程(1)仅有整数解 $x = \pm 1, y = 0$.

下面,我们介绍一种解不定方程的常用技巧 —— 化为等价的方程,来求解方程(1).显然方程(1)可化为

$$x^4 + y^4 = (y^2 + 1)^2 \qquad (4)$$

于是,求解方程(1),就化为求解和方程(1)等价的不定方程(4).而方程(4)是不定方程

$$x^4 + y^4 = z^2 \qquad (5)$$

的特殊情形.熟知,17 世纪,Fermat 用递降法证明了方程(5)没有 $xy \neq 0$ 的整数解,即知方程(4)仅有整数解 $x = \pm 1, y = 0$,从而方程(1)仅有整数解 $x = \pm 1$, $y = 0$.

注　方程(1)是不定方程

$$x^4 - Dy^2 = 1 \quad (D > 0 \text{ 且不是平方数}) \qquad (6)$$

的特殊情形.方程(6)是二元四次不定方程的基本类型之一,早在 1942 年,Ljunggren 证明了:对任一个 D,方程(6)最多有两组正整数解 x, y.20 世纪 40 年代以来,Ljunggren,Mordell,柯召,孙琦,曹珍富,乐茂华等人对不定方程(6)做了大量的研究,直到 1996 年前后,才得到较为完满的结果.例如,孙琦和袁平之证明了:不定方程(6)除 $D = 1\,785$,$(x, y) = (13, 4)$,$(239,$ $1\,352)$;$D = 4 \times 1\,785$,$(x, y) = (13, 2)$,$(239, 676)$;$D = 16 \times 1\,785$,$(x, y) = (13, 1)$,$(239, 338)$ 外,最多只有一组正整数解 (x_1, y_1),且满足 $x_1^2 = x_0$ 或 $2x_0^2 -$ 1,这里 $\varepsilon = x_0 + y_0 \sqrt{D}$ 是 Pell 方程 $x^2 - Dy^2 = 1$ 的基本

解(参阅[1],全文见[2]).同样的结果,也由 Cohn 独立得到,可参阅[3].详细情况参阅[4],[5].

[1] SUN Qi,YUAN Pingzhi. On the Diophantine equation $x^4 - Dy^2 = 1$[J]. 数学进展,1996(1):84.

[2] 孙琦,袁平之. 关于不定方程 $x^4 - Dy^2 = 1$ 的一个注记[J]. 四川大学学报(自然科学版),1997(3):265 - 267.

[3] COHN J H E. The Diophantine equation $x^4 - Dy^2 = 1$: Ⅱ[J]. Acta Arith. ,1997,78:401 - 403.

[4] 曹珍富. 丢番图方程引论[M].哈尔滨:哈尔滨工业大学出版社,2012.

[5] 曹珍富. 不定方程及其应用[M]. 上海:上海交通大学出版社,2000.

135. 设 p,q 是两个不同的 $4k + 3$ 型素数,$N = pq$. 证明:如果二次同余式 $x^2 \equiv a(\bmod N)$ 有解,那么该同余式恰有四个解,且其中两个解关于 N 的 Jacobi 符号为 1,另两个解关于 N 的 Jacobi 符号为 -1.

证 熟知,$x^2 \equiv a(\bmod N)$ 有解,当且仅当以下两个方程同时有解

$$x^2 \equiv a(\bmod p)$$

和

$$x^2 \equiv a(\bmod q)$$

由于上述每个方程有解时恰有两个解,所以同余式 $x^2 \equiv a(\bmod N)$ 有解时恰有四个解. 设上面第一个方程的两个解为 $\pm a_1$,第二个方程的两个解为 $\pm a_2$,联立方程

$$\begin{cases} x \equiv \pm a_1 (\bmod\ p) \\ x \equiv \pm a_2 (\bmod\ q) \end{cases}$$

即可得到 $x^2 \equiv a(\bmod\ N)$ 的四个解，记它们为 $\pm x_1$，$\pm x_2$. 由 $x_1^2 \equiv a(\bmod\ N)$ 和 $x_2^2 \equiv a(\bmod\ N)$ 可知

$$x_1^2 - x_2^2 \equiv 0(\bmod\ N)$$

即

$$(x_1 - x_2)(x_1 + x_2) \equiv 0(\bmod\ pq)$$

不妨设 $0 \leqslant x_1, x_2 < \dfrac{N}{2}$，则必有

$$p \mid (x_1 - x_2), \quad q \mid (x_1 + x_2)$$

或者

$$q \mid (x_1 - x_2), \quad p \mid (x_1 + x_2)$$

不妨假设前者成立（后者成立情况类似），则

$$\left(\frac{x_1}{p}\right) = \left(\frac{x_2}{p}\right), \quad \left(\frac{x_1}{q}\right) = -\left(\frac{x_2}{q}\right)$$

所以

$$\left(\frac{x_1}{N}\right) = \left(\frac{x_1}{p}\right)\left(\frac{x_1}{q}\right) = -\left(\frac{x_2}{p}\right)\left(\frac{x_2}{q}\right) = -\left(\frac{x_2}{N}\right)$$

而

$$\left(\frac{-x_1}{N}\right) = \left(\frac{-x_1}{p}\right)\left(\frac{-x_1}{q}\right) = \left(\frac{x_1}{N}\right)$$

$$\left(\frac{-x_2}{N}\right) = \left(\frac{-x_2}{p}\right)\left(\frac{-x_2}{q}\right) = \left(\frac{x_2}{N}\right)$$

故命题得证.

　　注　Rabin[1] 首先提出了基于二次剩余的公钥加密方案. 但是在他的方案中，一个密文可以对应四个明文，如果明文没有意义，将无法唯一确定. Williams[2] 对其方案进行了改进：设解密者的私钥为 p, q，公钥为

$N = pq$，需要加密的明文为整数 m，且 $\left(\dfrac{m}{N}\right) = 1, 0 <$
$m < \dfrac{N}{2}$. 加密时，可以用公式
$$c = m^2 (\mathrm{mod}\ N)$$
算出密文；解密时，只要求出方程
$$x^2 \equiv c (\mathrm{mod}\ N)$$
四个根，并找出其中唯一一个处于 0 到 $\dfrac{N}{2}$ 之间且
$\left(\dfrac{x}{N}\right) = 1$ 的解即可. 20 世纪 90 年代初，曹珍富通过加
标识位的方法给出了明文不做任何限制的加密方案，
这个方法还用来设计基于二次剩余的签名方案（参看
136 题的评注）.

[1] RABIN M O. Digitalized Signature and Public Key Functions as Intractable as Factorization, Technical Memo, TM – 212, Laboratory for Computer Science, Massachusetts Inst. of Technology, 1979.

[2] WILLIAMS H C. A Modification of the RSA Public Key Encryption Procedure[J]. IEEE Trans. on Info. Theory, 1980, 26(6).

136. 设 $N = pq$ 是两个不同素数的乘积，如果 a 是模 N 的二次剩余，证明
$$r = a^{\frac{N-p-q+5}{8}} (\mathrm{mod}\ N)$$
是 $x^2 \equiv a (\mathrm{mod}\ N)$ 的一个根.

证 可以直接验证.
$$r^2 \equiv (a^{\frac{N-p-q+5}{8}})^2 \equiv a^{\frac{N-p-q+5}{4}} \equiv a^{\frac{(p-1)(q-1)}{4}} \cdot a (\mathrm{mod}\ N)$$

所以需要证明的是 $a^{\frac{(p-1)(q-1)}{4}} \equiv 1 \pmod{N}$. 由于 a 是模 N 的二次剩余, 设 $b^2 \equiv a \pmod{N}$, 所以有

$$a^{\frac{(p-1)(q-1)}{4}} \equiv b^{\frac{(p-1)(q-1)}{2}} \equiv (b^{p-1})^{\frac{q-1}{2}} \equiv 1 \pmod{p}$$

和

$$a^{\frac{(p-1)(q-1)}{4}} \equiv b^{\frac{(p-1)(q-1)}{2}} \equiv (b^{q-1})^{\frac{p-1}{2}} \equiv 1 \pmod{q}$$

从而可知

$$a^{\frac{(p-1)(q-1)}{4}} \equiv 1 \pmod{N}$$

即 r 是 $x^2 \equiv a \pmod{N}$ 的根.

注   本题的结论可用于构造二次剩余签名. 设签名方案中的私钥为 p, q, 公钥为 $N = pq$. 如果 m 是需要签名的消息, 则要求 m 是模 N 的二次剩余. 签名时, 用公式

$$s = m^{\frac{N-p-q+5}{8}} \pmod{N}$$

计算出 s 作为 m 的签名, 任何人可以通过验证 $s^2 \equiv m \pmod{N}$ 是否成立来验证 s 是否为合法签名.

这个签名方案并不能对所有消息 m 进行签名. 20 世纪 90 年代, 曹珍富给出了对所有消息的签名方案, 叙述如下:

设签名方案中的私钥为 p, q, 满足 $p \equiv q \equiv 3 \pmod 4$, 公钥为 $N(=pq)$, a 和 $H(\cdot)$, 这里 a 满足 $\left(\dfrac{a}{N}\right) = -1$, $H(\cdot)$ 表示 Hash 函数. 如果 m 是需要签名的消息, 则首先计算 $H(m)$, 并令

$$c = \begin{cases} 0, & \text{当 } \left(\dfrac{H(m)}{N}\right) = 1 \\ 1, & \text{当 } \left(\dfrac{H(m)}{N}\right) = -1 \end{cases}$$

$$c_1 = \begin{cases} 0, \text{当 } a^c H(m) \text{ 是模 } N \text{ 的二次剩余} \\ 1, \text{当 } a^c H(m) \text{ 是模 } N \text{ 的非二次剩余} \end{cases}$$

从而得到

$$(-1)^{c_1} a^c H(m)$$

是模 N 的二次剩余. 所以, 签名时, 用公式

$$s = ((-1)^{c_1} a^c H(m))^{\frac{N-p-q+5}{8}} (\bmod\ N)$$

计算出 s, 然后将 (s, c, c_1) 作为 m 的签名, 任何人可以通过验证 $s^2 \equiv (-1)^{c_1} a^c H(m) (\bmod\ N)$ 是否成立来验证 (s, c, c_1) 是否为 m 的合法签名.

后来, 董晓蕾等人给出了这个签名方案的安全性证明 (参见文献 [1]).

[1] DONG Xiaolei, LU Rongxing, CAO Zhenfu. Proofs of security for improved Rabin signature scheme [J]. Journal of Shanghai Jiaotong University (Science), 2006, 11(2): 197 – 199.

137. 设素数 $p \equiv \pm 1 (\bmod\ 12)$ 或 $p \equiv 5 (\bmod\ 24)$, 证明: 同余式 $x^6 - 3x^4 + 9x^2 - 27 \equiv 0 (\bmod\ p)$ 有解.

证 由于

$$x^6 - 3x^4 + 9x^2 - 27 \equiv (x^4 + 9)(x^2 - 3)(\bmod\ p)$$

当 $p \equiv \pm 1 (\bmod\ 12)$ 时, 由二次互反律, 有

$$\left(\frac{3}{p}\right) = (-1)^{\frac{p-1}{2}} \left(\frac{p}{3}\right)$$

所以, 当 $p \equiv 1 (\bmod\ 12)$ 时, 有

$$\left(\frac{3}{p}\right) = (-1)^{\frac{p-1}{2}} \left(\frac{p}{3}\right) = \left(\frac{1}{3}\right) = 1$$

当 $p \equiv -1 (\bmod\ 12)$ 时, 有

$$\left(\frac{3}{p}\right) = (-1)^{\frac{p-1}{2}}\left(\frac{p}{3}\right) = -\left(\frac{-1}{3}\right) = 1$$

即 3 是模 p 的二次剩余. 因此可找到 x, 使得

$$x^2 - 3 \equiv 0 (\bmod\ p)$$

成立, 即 $x^2 - 3 \equiv 0 (\bmod\ p)$ 有解.

当 $p \equiv 5 (\bmod\ 24)$ 时, 易知

$$\left(\frac{-9}{p}\right) = (-1)^{\frac{p-1}{2}}\left(\frac{9}{p}\right) = 1$$

故有 y 存在, 使得

$$y^2 + 9 \equiv 0 (\bmod\ p) \qquad (1)$$

下面证明有 x 存在使得 $x^2 \equiv y (\bmod\ p)$, 代入式 (1) 即

知 $x^4 + 9 \equiv 0 (\bmod\ p)$ 有解. 所以只需要证明 $\left(\dfrac{y}{p}\right) = 1$,

证明如下

$$\left(\frac{y}{p}\right) \equiv y^{\frac{p-1}{2}} \equiv (y^2)^{\frac{p-1}{4}} \equiv (-9)^{\frac{p-1}{4}} \equiv$$

$$(-1)^{\frac{p-1}{4}}(3^2)^{\frac{p-1}{4}} \equiv -3^{\frac{p-1}{2}} \equiv$$

$$-\left(\frac{3}{p}\right) \equiv -\left(\frac{p}{3}\right) \equiv 1 (\bmod\ p)$$

138. 如果 $2^a + 1$ 是素数, 证明: $2^a - 1$ 至少有 $\log_2 a$ 个不同的素因子.

证　若 a 有一个奇素数因子 p, 假设 $a = pq$, 由于

$$2^a + 1 = (2^q)^p + 1 =$$
$$(2^q + 1)((2^q)^{p-1} + \cdots + (-1)^{p-1})$$

可知

$$(2^q + 1) \mid (2^a + 1)$$

这与 $2^a + 1$ 是个素数矛盾, 所以 a 不可能有奇素数因子, 不妨将 a 记为 2^k.

令 $F_i = 2^{2^i} + 1$,有

$$2^a - 1 = 2^{2^k} - 1 = F_0 \cdot F_1 \cdot F_2 \cdots F_{k-1}$$

这可以由对 k 作归纳法,或者套用公式

$$2^{2^n} - 1 = (2^{2^{n-1}} - 1)(2^{2^{n-1}} + 1)$$

得到.

进一步,可知 $i < j$ 时,$(F_i, F_j) = 1$. 这是因为

$$F_j - 2 = 2^{2^j} - 1 = F_0 \cdot F_1 \cdot F_2 \cdots F_{j-1}$$

所以

$$(F_i, F_j) = (F_i, F_0 \cdot F_1 \cdots F_{j-1} + 2) = (F_i, 2) = 1$$

由 $(F_i, F_j) = 1 (i \neq j)$ 即知 $F_0, F_1, \cdots, F_{k-1}$ 各至少有一个不同的素因子,则 $2^{2^k} - 1$ 至少有 $k = \log_2 a$ 个不同的素因子. 证毕.

注 利用本题的结论可以证明素数有无穷多个.

139. 对于任意奇素数 p,证明:形如 $2pk + 1$ 的素数有无穷多个(k 为自然数).

证 首先证明一个引理:如果有奇素数 $q \mid (a^p - 1)$,且 $q \nmid (a - 1)$,$a > 1$,则 q 必为 $2pk + 1$ 的形式.

引理的证明:由 $a^p \equiv 1 \pmod{q}$ 以及 $a \not\equiv 1 \pmod{q}$ 可知 p 是 a 模 q 的阶,所以 $p \mid (q - 1)$,又 q 是奇数,所以 $2p \mid (q - 1)$,引理得证.

在引理的证明中,令 $a = 2$,我们至少可以得到一个形如 $2pk + 1$ 的素数. 最后,用反证法证明这样的素数有无穷多个. 假设形如 $2pk + 1$ 的素数只有有限个,不妨设只有 s 个,并记所有形如 $2pk + 1$ 的素数为 q_1, $q_2, \cdots, q_s$. 令 $a = q_1 q_2 \cdots q_s + 1$,考察 $\dfrac{a^p - 1}{a - 1}$. 令 q' 是

$\dfrac{a^p-1}{a-1}$ 的一个素因子，$q_1,q_2,\cdots,q_s$ 都不能除尽 $\dfrac{a^p-1}{a-1}$，

那么

$$q' \neq q_1,q_2,\cdots,q_s$$

从而可知，q' 不能是 $a-1$ 的因数. 于是根据引理可知，q' 一定是一个 $2pk+1$ 型的素数，即 q' 是一个不同于 $q_1,q_2,\cdots,q_s$ 的 $2pk+1$ 型的素数，这与假设矛盾. 故 $2pk+1$ 型的素数有无穷多个.

140. 对于任给的正整数 r，试找出无穷多对 $n>1$，$m>1$，使得 $n\mid m$ 和 $n^r\mid\varphi(m)$ 同时成立.

证　取一个大于 1 的奇数 a，取 n 是 2 的幂，设 $n=2^t$，t 为任意正整数，令 $m=a^{n^r}-1$. 则我们来证明这样的 n 和 m 满足题目的要求.

首先证明 $n^r\mid\varphi(m)$. 令 $n^r=s$，因为

$$a^s\equiv 1(\mathrm{mod}(a^s-1))$$

所以

$$s=\mathrm{ord}_{a^s-1}(a)$$

而由欧拉定理可知

$$a^{\varphi(a^s-1)}\equiv 1(\mathrm{mod}(a^s-1))$$

所以 $s\mid\varphi(a^s-1)$，即 $n^r\mid\varphi(m)$.

其次对 t 使用归纳法来证明 $n\mid m$. 当 $t=1$ 时，因为 a 是奇数，所以 $2^1\mid(a^{2^r}-1)$. 假设当 $t=k$ 时，$2^k\mid(a^{2^{kr}}-1)$ 成立，则当 $t=k+1$ 时，有

$$a^{2^{(k+1)r}}-1=$$
$$(a^{2^{kr}}-1)(a^{2^{kr}}+1)((a^{2^{kr}})^2+1)\cdots((a^{2^{kr}})^{2^{r-1}}+1)$$

由归纳假设可知

$$2^k\mid(a^{2^{kr}}-1)$$

而

$$2 \mid (a^{2kr} + 1)((a^{2kr})^2 + 1)\cdots((a^{2kr})^{2r-1} + 1)$$

所以

$$2^{k+1} \mid (a^{2^{(k+1)r}} - 1)$$

注 139 题证明了 Dirichlet 关于等差级数 $\{an + b\}$（其中 a,b 是给定的互素的正整数）存在无穷多个素数定理的特例. 140 题如果使用 Dirichlet 定理, 可以证明对任意 $n > 1$, 都存在无穷多个 m, 使得 $n \mid \varphi(m)$ 且 $n^r \mid m$. 但是 Dirichlet 定理本身的证明已经超出了初等数论的范围. 此外, 如果利用 139 题的结论, 也可以给出 140 题的一个证明. 读者可自行完成.

141. 求出满足方程 $(p - 1)! + 1 = pk^2$ 的全部正整数解 (p,k).

证 当 $p \leqslant 4$ 时, 方程有解 $(p,k) = (2,1)$ 和 $(3,1)$. 当 $p > 4$ 时, 可以使用二次剩余的方法证明原方程无解.

1) 先证明 p 是一个 $8n + 1$ 型的素数. 对原方程两边取模 p, 有

$$(p - 1)! \equiv -1 \pmod{p}$$

若 p 是合数, 应该有 $p \mid (p - 1)!$, 矛盾. 于是, p 一定是素数. 其次, $(p - 1)! + 1$ 是一个 $8n + 1$ 型的奇数, 而 k 是奇数, 所以 k^2 也是 $8n + 1$ 型的奇数, 从而原方程给出 p 是一个 $8n + 1$ 型的素数.

2) 再证明从 1 到 $p - 1$ 之间, 存在一个奇数 q, 是模 p 的二次非剩余. 反证法, 假设这样的 q 不存在, 即所有 1 到 $p - 1$ 的奇数都是 p 的二次剩余, 那么所有 1 到 $p - 1$ 的偶数都是 p 的二次非剩余, 但由于 p 是一个 $8n + 1$

型的素数,则说明 2 是模 p 的二次剩余,从而引出矛盾,即 q 总是存在的.

3)因为 p 是一个 $8n+1$ 型的素数,所以

$$\left(\frac{p}{q}\right) = \left(\frac{q}{p}\right)$$

将原方程两边同乘 p,得

$$p! + p = (pk)^2$$

假设原方程有解,那么取模 q,得

$$1 = \left(\frac{(pk)^2}{q}\right) = \left(\frac{p! + p}{q}\right) = \left(\frac{p}{q}\right) = \left(\frac{q}{p}\right) = -1$$

矛盾,所以当 $p > 4$ 时,原方程无解.

注　当 p 为素数时,$\dfrac{(p-1)! + 1}{p}$ 是正整数序列. 研究正整数序列中的平方数问题是数论中的重要课题. 141 题回答了这类正整数序列中仅有 1 为平方数. 其方法是巧妙利用了二次剩余. 二次剩余法是利用初等方法解丢番图方程的有力手段之一. 这种方法的主要手段就是对原方程两边同时取一个奇数模,再利用 Jacobi 符号来制造矛盾,从而推出原方程无解. 这个方法在前面的 101、116、117 题均有巧妙应用,本题是又一个例子.

142. 记 a 模 b 的最小非负剩余为 $\langle a \rangle_b$. 如果已知 N,$\langle x^e \rangle_N$,$\langle x^a \rangle_N$,e 和 a,且 $(e,a) = 1$,可以求得 $\langle x \rangle_N$ 吗?

解　可以. 由 $(e,a) = 1$,根据辗转相除法,可以算出 $k_1, k_2 \in \mathbf{Z}$,使得 $k_1 e + k_2 a = 1$. 于是有

$$x \equiv x^{k_1 e + k_2 a} \equiv (x^e)^{k_1}(x^a)^{k_2} (\mathrm{mod}\ N)$$

所以

$$\langle x \rangle_N = \langle (x^e)^{k_1} (x^a)^{k_2} \rangle_N$$

注 由本题的结论,可以得到一种针对 RSA 广播加密方案的攻击方法 —— 共模攻击. 如果在 RSA 广播加密方案中,多个用户使用不同的公私钥 e, d,但使用同一个模 N,那么攻击者一旦同时截获了两个用户的密文,利用本题的结论就可以直接得到明文. 所以,如果要利用 RSA 函数来构造广播加密方案,那么不同的用户一定要使用不同的模.

143. 设 $(x, y) = 1$,证明
$$(x^a - y^a, x^b - y^b) = x^{(a,b)} - y^{(a,b)}$$

证 根据恒等式
$$x^a - y^a - x^{a-b}(x^b - y^b) = y^b(x^{a-b} - y^{a-b})$$
可以推出
$$(x^a - y^a, x^b - y^b) \mid y^b(x^{a-b} - y^{a-b})$$
而 y 是与 $x^a - y^a$ 互素的,y^b 也与 $x^a - y^a$ 互素,所以
$$(x^a - y^a, x^b - y^b) \mid (x^{a-b} - y^{a-b})$$
于是得到一个引理
$$(x^a - y^a, x^b - y^b) = (x^b - y^b, x^{a-b} - y^{a-b})$$
利用这个结论,不难使用归纳法证明原命题成立. 不妨设 $a \geqslant b \geqslant 1$,对 a 使用归纳法,假设 $a = k - 1$ 时命题对所有 b 成立,则 $a = k$ 时,有
$$(x^k - y^k, x^b - y^b) = (x^b - y^b, x^{k-b} - y^{k-b}) =$$
$$x^{(k-b,b)} - y^{(k-b,b)} =$$
$$x^{(k,b)} - y^{(k,b)}$$
上式第二个等号之所以成立是因为归纳假设,故 $a = k$ 时命题也成立,原命题得证.

144. 证明丢番图方程
$$(x + 2)^{2m} = x^n + 2$$
无正整数解 x, m, n.

证　x 必须是奇数, 若是偶数, 则方程两边对模 4 不同余. n 需要大于 1, 而且必须是奇数, 否则原方程左边模 4 余 1, 右边模 4 余 3, 也会出现矛盾.

将原方程改写为
$$(x + 2)^{2m} - 1 = x^n + 1 \qquad (1)$$
通过比较上式两端 2 的幂次来说明原方程无解. 思路如下: 记 $t = \mathrm{pot}_2(x + 1)$, 可以证明 $\mathrm{pot}_2(x^n + 1) = t$, 而式 (1) 左边部分有 $\mathrm{pot}_2((x + 2)^{2m} - 1) > t$, 从而出现矛盾.

先证明 $\mathrm{pot}_2(x^n + 1) = t$. 由 $t = \mathrm{pot}_2(x + 1)$, 可将 x 写成
$$x = 2^t y - 1$$
其中 y 是一个奇数, 则
$$x^n + 1 \equiv (2^t y - 1)^n + 1 \equiv$$
$$\binom{n}{0}(2^t y)^n + \cdots +$$
$$\binom{n}{n - 1}(2^t y)^1 (-1)^{n-1} +$$
$$\binom{n}{n}(2^t y)^0 (-1)^n + 1 \equiv$$
$$n 2^t y (-1)^{n-1} + (-1)^n + 1 (\bmod 2^{t+1}) \equiv$$
$$2^t (\bmod 2^{t+1})$$
上式中最后一个同余号成立是因为 n 是一个奇数.

再说明 $\mathrm{pot}_2((x + 2)^{2m} - 1) > t$. 注意
$$(x + 2)^{2m} - 1 = (x + 2 - 1)((x + 2)^{2m-1} +$$

$$(x + 2)^{2m-2} + \cdots + (x + 2) + 1)$$

右式中后半部分是 $2m$ 个奇数相加,结果是个偶数,$x + 1$ 本身含有因子 2^t,所以式(1)左边部分 2 的幂次大于 t.

这就证明原方程无解.

注 本题使用比较幂次法来证明丢番图方程无解. 在丢番图方程的研究中,比较幂次法是常见的一种方法. 譬如,要证明 $\sqrt{2}$ 是无理数,就是利用最简单的比较幂次思想:设 $\sqrt{2} = \dfrac{x}{y}, (x, y) = 1, 2y^2 = x^2$,然后利用了两边的奇偶性不一致来制造矛盾. 本题则是比较了原方程两边对 2 的幂次,从而制造了矛盾.

145. 设 p 和 q 都是素数,证明丢番图方程
$$q^m = p^n + 2 \tag{1}$$
当 $q = p + 2$ 时,仅有正整数解 $m = n = 1$.

证 除了 $m = n = 1$ 之外,可以设 $m > 1, n > 1$.

如果 n 是偶数,当 $p = 3, q = 5$ 时,对原方程两边模 5,得到

$$0 \equiv (-2)^n + 2 \equiv (-1)^{\frac{n}{2}} + 2 \equiv 3 \text{ 或 } 1 (\bmod 5)$$

矛盾. 当 $p > 3$ 时,有 $3 \mid (p^n + 2)$,于是 $3 \mid q$,矛盾.

如果 n 是奇数,m 是偶数,根据144题的结论,原方程无解. 所以,m 和 n 都只能是奇数.

设 m 和 n 都是奇数,如果原方程有解,则有

$$\left(\frac{q^m + p^n}{2}\right)^2 - pq\left(q^{\frac{m-1}{2}} p^{\frac{n-1}{2}}\right)^2 = 1$$

易知 Pell 方程 $x^2 - pqy^2 = 1$ 的基本解是

$$\varepsilon = p + 1 + \sqrt{pq}$$

令 $\bar{\varepsilon} = p + 1 - \sqrt{pq}$ ，上式给出

$$q^{\frac{m-1}{2}} p^{\frac{n-1}{2}} = \frac{\varepsilon^t - \bar{\varepsilon}^t}{\varepsilon - \bar{\varepsilon}}$$

其中 $t > 0$. 当 t 为偶数时，$\dfrac{\varepsilon^t - \bar{\varepsilon}^t}{\varepsilon - \bar{\varepsilon}}$ 也是偶数，矛盾. 所以 t 是奇数. 于是

$$\frac{\varepsilon^t - \bar{\varepsilon}^t}{\varepsilon - \bar{\varepsilon}} = \binom{t}{1}(p + 1)^{t-1} +$$

$$\binom{t}{3}(p + 1)^{t-3}(\sqrt{pq})^2 + \cdots +$$

$$\binom{t}{t-2}(p + 1)^2(\sqrt{pq})^{t-3} + (\sqrt{pq})^{t-1}$$

展开式中，除了第一项，其余各项均能被 pq 整除，于是

$$q^{\frac{m-1}{2}} p^{\frac{n-1}{2}} \equiv \frac{\varepsilon^t - \bar{\varepsilon}^t}{\varepsilon - \bar{\varepsilon}} \equiv t (\bmod\ pq)$$

从 $m > 1, n > 1$ ，得 $t \equiv 0 (\bmod\ pq)$. 设 $t = pqt_1$ ，则

$$q^{\frac{m-1}{2}} p^{\frac{n-1}{2}} = \frac{(\varepsilon^{pt_1})^q - (\bar{\varepsilon}^{pt_1})^q}{\varepsilon^{pt_1} - \bar{\varepsilon}^{pt_1}} \cdot \frac{\varepsilon^{pt_1} - \bar{\varepsilon}^{pt_1}}{\varepsilon - \bar{\varepsilon}}$$

记 $A = \dfrac{(\varepsilon^{pt_1})^q - (\bar{\varepsilon}^{pt_1})^q}{\varepsilon^{pt_1} - \bar{\varepsilon}^{pt_1}}$ ，设 $\varepsilon^{pt_1} = u + v\sqrt{pq}$ ，则

$$\bar{\varepsilon}^{pt_1} = u - v\sqrt{pq}$$

从而有

$$\frac{\varepsilon^{pt_1} - \bar{\varepsilon}^{pt_1}}{\varepsilon - \bar{\varepsilon}} = v$$

将 A 展开，得

$$A = \frac{(\varepsilon^{pt_1})^q - (\bar{\varepsilon}^{pt_1})^q}{\varepsilon^{pt_1} - \bar{\varepsilon}^{pt_1}} =$$

$$\binom{q}{1}u^{p+1} + \binom{q}{3}u^{p-1}(v\sqrt{pq})^2 + \cdots +$$

$$\binom{q}{p} u^2 (v\sqrt{pq})^{p-1} + (v\sqrt{pq})^{p+1}$$

可以观察得到以下四个结论：

1）$A > \binom{q}{1} u^{p+1} \geqslant q.$

2）$q \mid A.$

3）$q^2 \nmid A.$ 这是因为 $A \equiv \binom{q}{1} u^{p+1} (\bmod\, q^2)$，而 u, v 是方程 $x^2 - pqy^2 = 1$ 的解，故 $(u, q) = 1.$

4）$p \nmid A.$ 这是因为 $A \equiv \binom{q}{1} u^{p+1} \equiv qu^{p+1} (\bmod\, p)$，又 $(u, p) = 1.$

由 $q^{\frac{m-1}{2}} p^{\frac{n-1}{2}} = Av$，可知 A 仅有可能的素因子为 q 和 p，由 4）知 A 没有素因子 p，由 2）和 3）知 $A = q$，但这与 1）的结论矛盾. 所以当 $m > 1, n > 1$ 时，原方程无解.

注 1967 年，Hall 问：不定方程(1) 是否仅有解 $5^2 + 2 = 3^3$ 满足 $m > 1, n > 1$？（见[1]）所以，方程(1) 称为 Hall 方程，它是从组合数学的差集理论研究中提出来的. 1984 年，孙琦和周小明首先研究了 $q = p + 2$ 的情形，得到了部分结果[2]. 1987 年，曹珍富巧妙地运用 Pell 方程的性质，完全解决了这一情形[3]，即证明了在 $q = p + 2$ 时，方程(1) 仅有正整数解 $m = n = 1$，其证明初等而简洁，本题的解答就是他的证明. 有关内容还可参阅[4].

[1] HALL M, Jr. Combinatorial Theory [M]. Blaisdel, 1967.

[2] 孙琦, 周小明. 关于丢番图方程 $a^x + b^y = c^z$[J]. 科

学通报,1984,29(1):61.

[3] 曹珍富.关于 Hall 问题[J].数学研究与评论,
1987,7(3):411 - 413.

[4] 曹珍富.不定方程及其应用[M].上海:上海交通
大学出版社,2000.

146. 设 $N = p^l q, p, q$ 都是素数,l 是正整数,证明:计算 $\varphi(N)$ 与分解 N 等价.

证　如果已知 N 的分解式 $N = p^l q$,则易知

$$\varphi(N) = N\left(1 - \frac{1}{p}\right)\left(1 - \frac{1}{q}\right)$$

反之,如果已知 $\varphi(N)$,当 $l = 1$ 时,有

$$\varphi(N) = (p - 1)(q - 1)$$

所以

$$pq = N, p + q = N - \varphi(N) + 1$$

两式联立即可解出 p, q. 当 $l > 1$ 时,有

$$\frac{N}{(\varphi(N), N)} = \frac{pq}{((p-1)(q-1), pq)}$$

$$\frac{\varphi(N)}{(\varphi(N), N)} = \frac{(p-1)(q-1)}{((p-1)(q-1), pq)}$$

如果 $(pq, (p-1)(q-1)) = 1$,那么令

$$N' = \frac{N}{(\varphi(N), N)} = pq$$

又

$$\varphi(N') = (p-1)(q-1) = \frac{\varphi(N)}{(\varphi(N), N)}$$

于是可以把 N 的分解归结到 N' 的分解,而 N' 的分解正是 $l = 1$ 的情况.

如果 $(pq, (p-1)(q-1)) > 1$,必然有

$$q \mid (p-1) \text{ 或} p \mid (q-1)$$

假设 $q \mid (p-1)$，则

$$(\varphi(N), N) = p^{l-1}q$$

从而可以算出 $p = \dfrac{N}{(\varphi(N), N)}$；假设 $p \mid (q-1)$，则

$$(\varphi(N), N) = p^l$$

从而可以算出 $q = \dfrac{N}{(\varphi(N), N)}$.

总之，可得 N 的分解.

注 本题由曹珍富提出，是在研究密码问题时的一个中间结果. 由上面的讨论，已知 $\varphi(N)$，可以得到一个统一的分解 N 的算法：

对给定的 N 和 $\varphi(N)$，首先计算 $N' = \dfrac{N}{(\varphi(N), N)}$，测试 N' 是否是一个素数.

a) 如果 N' 不是素数，令 $\varphi' = \dfrac{\varphi(N)}{(\varphi(N), N)}$，联立

$$pq = N'$$
$$p + q = N' - \varphi' + 1$$

即可解出 p, q.

b) 如果 N' 是素数，则 N' 必然等于 p 或 q. 用 N' 连续地去除 N，记 $a = \dfrac{N}{N'^k}$，其中 $N' \nmid a$. 测试 a 是否是素数：

ⅰ. 如果 a 是素数，一定有 $p = N', l = k, q = a$.

ⅱ. 如果 a 不是素数，一定有 $a = p^l, q = N'$. 计算 $\dfrac{\varphi(N)}{q-1} = p^l - p^{l-1} = a - p^{l-1}$，所以 $p = \dfrac{a}{a - \dfrac{\varphi(N)}{q-1}}$.

147. 设 $N = pq, p = 2p' + 1, q = 2q' + 1$，其中 p, p'，q, q' 都是素数. 证明：计算 $\mathrm{ord}_N(2)$ 与分解 N 等价.

证　　如果已知 $\mathrm{ord}_N(2)$，注意到 $\varphi(N) = 4p'q'$，而 $\mathrm{ord}_N(2) \mid \varphi(N)$，所以 $\mathrm{ord}_N(2)$ 必然是以下数字中的一个

$$p', q', 2p', 2q', 4p', 4q', p'q', 2p'q', 4p'q'$$

可先假设 $\mathrm{ord}_N(2)$ 是 $p', q', 2p', 2q', 4p', 4q'$ 中的一个，然后尝试分解 N. 如果失败了，再假设 $\mathrm{ord}_N(2)$ 是 $p'q'$，$2p'q', 4p'q'$ 中的一个，则

$$\varphi(N) = \mathrm{ord}_N(2), \quad \frac{1}{2}\mathrm{ord}_N(2), \quad \frac{1}{4}\mathrm{ord}_N(2)$$

已知 $\varphi(N)$ 即可分解 N.

如果已知 p, q，注意

$$\mathrm{ord}_N(2) = \left[\mathrm{ord}_p(2), \mathrm{ord}_q(2)\right]$$

而 $\mathrm{ord}_p(2) = p'$ 或 $2p', \mathrm{ord}_q(2) = q'$ 或 $2q'$，确定 $\mathrm{ord}_p(2)$ 和 $\mathrm{ord}_q(2)$ 之后即可得知 $\mathrm{ord}_N(2)$.

注　　满足题设的 p, q 在密码学研究中被称为安全素数，因为这种素数构造的若干密码方案不易被攻破. 但是在量子计算机的模型下，$\mathrm{ord}_N(2)$ 是容易计算的，于是使用这类素数构造的密码方案也能被攻破. 本题的结论首先出现在文献[1]中，上述证明与文献[1]略有不同.

[1] LIU Lihua, CAO Zhengjun. On computing $\mathrm{ord}_N(2)$ and its application[J]. Inf. Compute, 2006, 204(7):1173 –1178.

148. 若正整数 a, b, c, d 满足

$$(a, b) = (c, d) = 1$$

且

$$\left| \frac{a}{b} - \frac{c}{d} \right| < \frac{1}{2d^2}$$

则称 $\dfrac{c}{d}$ 是 $\dfrac{a}{b}$ 的一个渐近分数. 证明:如果

$$\frac{a}{b} = q_0 + \cfrac{1}{q_1 + \cfrac{1}{q_2 + \cfrac{}{\ddots \; q_{n-1} + \cfrac{1}{q_n}}}}$$

其中 $q_n > 1$,那么形如

$$q_0 + \cfrac{1}{q_1 + \cfrac{1}{q_2 + \cfrac{}{\ddots \; q_{k-1} + \cfrac{1}{q_k}}}}$$

的分数 $\dfrac{c}{d}$ 都是 $\dfrac{a}{b}$ 的渐近分数,其中 $k \leqslant n$.

证 不妨设 $b > d$,不然,从 $\left| \dfrac{a}{b} - \dfrac{c}{d} \right| < \dfrac{1}{2d^2}$ 说明

$| ad - bc | < \dfrac{b}{2d} \leqslant \dfrac{1}{2}$,即 $ad = bc$,易证结论.

反证法. 假设 $\dfrac{c}{d}$ 不是 $\dfrac{a}{b}$ 的渐近分数,那么必然存

在两个 $\dfrac{a}{b}$ 的渐近分数

$$\frac{x_k}{y_k} = q_0 + \cfrac{1}{q_1 + \cfrac{1}{q_2 + \cfrac{}{\ddots \; q_{k-1} + \cfrac{1}{q_k}}}}$$

以及

$$\frac{x_{k+1}}{y_{k+1}} = q_0 + \cfrac{1}{q_2 + \cfrac{\ddots}{q_k + \cfrac{1}{q_{k+1}}}}$$

满足 $y_k < d < y_{k+1}$（这是容易得到的,因为 $y_0 = 1, y_n = b$,而且对任意两个相邻的 y_k 和 y_{k+1},都有 $y_k < y_{k+1}$）.
注意

$$\frac{1}{2d^2} > \left| \frac{a}{b} - \frac{c}{d} \right| = \left| \frac{c}{d} - \frac{x_k}{y_k} \right| - \left| \frac{x_k}{y_k} - \frac{a}{b} \right| \geqslant$$
$$\left| \frac{c}{d} - \frac{x_k}{y_k} \right| - \left| \frac{x_{k+1}}{y_{k+1}} - \frac{x_k}{y_k} \right|$$

最后一个不等式之所以成立是因为 $\dfrac{x_k}{y_k} > \dfrac{a}{b} > \dfrac{x_{k+1}}{y_{k+1}}$ 或

$\dfrac{x_k}{y_k} < \dfrac{a}{b} < \dfrac{x_{k+1}}{y_{k+1}}$ 必有一个成立（验证留给读者）. 而

$\left| \dfrac{c}{d} - \dfrac{x_k}{y_k} \right| \geqslant \dfrac{1}{dy_k}$（ 因 为 $\dfrac{c}{d} \neq \dfrac{x_k}{y_k}$）, $\left| \dfrac{x_{k+1}}{y_{k+1}} - \dfrac{x_k}{y_k} \right| =$

$\dfrac{1}{y_k y_{k+1}}$（验证留给读者）,所以

$$\frac{1}{2d^2} > \frac{1}{dy_k} - \frac{1}{y_k y_{k+1}}$$

即

$$\frac{1}{2} > \frac{d}{y_k}\left(1 - \frac{d}{y_{k+1}} \right) > 1 - \frac{d}{y_{k+1}}$$

后者成立是因为 $y_k < d$. 故 $d > \dfrac{1}{2} y_{k+1}$.

不妨设 $\dfrac{x_k}{y_k} < \dfrac{x_{k+1}}{y_{k+1}}$,按 $\dfrac{c}{d}$ 和它们之间的大小关系讨论:

1) $\dfrac{c}{d} < \dfrac{x_k}{y_k}$. 此时 $\dfrac{1}{dy_k} \leqslant \left| \dfrac{c}{d} - \dfrac{x_k}{y_k} \right| \leqslant \left| \dfrac{a}{b} - \dfrac{c}{d} \right| \leqslant$

$\dfrac{1}{2d^2}$, 即 $y_k \geqslant 2d > y_{k+1}$, 矛盾;

2) $\dfrac{c}{d} > \dfrac{x_{k+1}}{y_{k+1}}$. 此时 $\dfrac{1}{dy_{k+1}} \leqslant \left| \dfrac{c}{d} - \dfrac{x_{k+1}}{y_{k+1}} \right| \leqslant$

$\left| \dfrac{a}{b} - \dfrac{c}{d} \right| \leqslant \dfrac{1}{2d^2}$, 即 $y_{k+1} > 2d > y_{k+1}$, 矛盾;

3) $\dfrac{x_k}{y_k} < \dfrac{c}{d} < \dfrac{x_{k+1}}{y_{k+1}}$. 此时 $\dfrac{1}{dy_k} \leqslant \left| \dfrac{c}{d} - \dfrac{x_k}{y_k} \right| \leqslant$

$\left| \dfrac{x_{k+1}}{y_{k+1}} - \dfrac{x_k}{y_k} \right| = \dfrac{1}{y_k y_{k+1}}$, 即 $y_{k+1} < d$, 矛盾.

综上所述, 已用反证法证明了原命题成立.

注 如果将命题中的 $\dfrac{a}{b}$ 换成无理数, 命题仍然成立.

149. 设 $N = pq, q < p < 2q, p$ 和 q 都是奇素数. 设正整数 $d < \dfrac{1}{3} N^{\frac{1}{4}}$, 另外有正整数 e, 满足

$$ed \equiv 1 (\bmod \varphi(N))$$

如果只给定 N 和 e, 不知道 N 的具体分解式, 在 N 很大的情况下, 能否快速求出 d?

解 回答是肯定的. 由 $ed \equiv 1(\bmod \varphi(N))$, 说明存在一个整数 k, 满足 $de - 1 = k\varphi(N)$, 即

$$\frac{e}{\varphi(N)} - \frac{1}{d\varphi(N)} = \frac{k}{d}, \quad (e, \varphi(N)) = (k, d) = 1$$

也就是

$$\frac{e}{\varphi(N)} - \frac{k}{d} = \frac{1}{d\varphi(N)}$$

上式说明 $\dfrac{k}{d}$ 是 $\dfrac{e}{\varphi(N)}$ 的一个较好的逼近, 可尝试用

$\dfrac{e}{\varphi(N)}$ 的渐近分数求出 d, 但问题是 $\varphi(N)$ 未知. 注意

到 N 和 $\varphi(N)$ 差距不大, 下面考虑用 N 代替 $\varphi(N)$.

因为 $q < \sqrt{N}$, 所以

$$N - \varphi(N) = p + q - 1 < 3\sqrt{N}$$

代入

$$\left| \frac{e}{N} - \frac{k}{d} \right| = \left| \frac{de - kN}{Nd} \right| =$$

$$\left| \frac{de - k\varphi(N) - kN + k\varphi(N)}{Nd} \right| =$$

$$\left| \frac{1 - kN + k\varphi(N)}{Nd} \right| \leqslant$$

$$\frac{3k\sqrt{N}}{Nd} = \frac{3k}{d\sqrt{N}}$$

因为 $e < \varphi(N)$, 则

$$ke < k\varphi(N) = de - 1$$

说明 $k < d$, 于是 $k < \dfrac{1}{3}N^{\frac{1}{4}}$, 即

$$\left| \frac{e}{N} - \frac{k}{d} \right| \leqslant \frac{3k}{d\sqrt{N}} < \frac{1}{dN^{\frac{1}{4}}} < \frac{1}{2d^2}$$

这说明 $\dfrac{e}{N}$ 的渐近分数中, 有一项就是 $\dfrac{k}{d}$. 于是对 N, e 作

辗转相除求出 $\dfrac{e}{N}$ 的所有渐近分数, 从而求出 d. 由于辗

转相除最多在 $\log N$ 步内完成, 所以求出 d 是非常快速

的.

注　这是针对 RSA 公钥加密方案的一种重要攻

击,俗称"小 d 攻击". 言下之意就是当 d 较小时,RSA 的解密密钥可以直接从公钥中求得,这是十分危险的. 它是 Wiener 在 1990 年提出的[1],这一结果给出了初等数论中经典的连分数理论在公钥密码学中的一个应用. 防范的方法很简单:在生成公私钥对的时候,先随机选取一个大小适当的 d,然后根据 d 来确定公钥 e,或依据 d,e 来选定 p,q,这样就可以抵御小 d 攻击了. 有关内容还可参看[2].

[1] WIENER M J. Cryptanalysis of short RSA secret exponents[J]. IEEE Transactions on Information Theory,1990,36(3):553 – 558.

[2] 孙琦,彭国华,朱文余,等. 环 Zn 上圆锥曲线 RSA 型公钥密码体系和抗小私钥 d 攻击[C] // 王小云,杨义先. 密码学进展 —— CHINACRYPT'2006. 北京:中国科学技术出版社.

150. 设 $m = p^2q, n = up^2 + v$,其中 p,q 是两个大素数,且 $p > \dfrac{1}{4}q^{\frac{3}{2}}$. 另外有两个大整数 u,v,满足

$$(q, up^2 + v) = (p, v) = (q, u) = 1, \quad v < \frac{1}{2}p^{\frac{1}{2}}q^{\frac{1}{4}}$$

现在只给定 m,n,是否可以在不分解 m 的前提下,算出 p,q,u,v?

解 可以.

由已知条件,可推出以下不等式

$$\left| \frac{n}{m} - \frac{u}{q} \right| = \left| \frac{up^2 + v}{p^2q} - \frac{u}{q} \right| = \frac{v}{p^2q} <$$

$$\frac{\frac{1}{2}p^{\frac{1}{2}}q^{\frac{1}{4}}}{p^2q} < \left(\frac{1}{2}\right)\frac{q^{\frac{1}{4}}}{\left(\frac{1}{4}q^{\frac{3}{2}}\right)^{\frac{3}{2}}q} =$$

$$\frac{1}{2q^2}\frac{8}{q} < \frac{1}{2q^2}$$

于是 $\frac{u}{q}$ 是 $\frac{n}{m}$ 的渐近分数,可用辗转相除法从 n,m 求出 q,u,进而求出 v,p.

注　利用大整数难以分解的特点探索新型加密方案是一个重要研究课题.1989 年,杨义先等人[1] 曾设计了一个加密方案如下:将题目中的 m,n 作为加密的公钥,将 p,q,u,v 作为解密的私钥. 设消息为 (x,y),x,y 均为整数,且 $n < x < n + \frac{1}{2}m^{\frac{1}{4}}$,加密如下: $c = nx^2 + my$,c 为密文. 已知私钥的解密是容易的,这里不介绍了.

1990 年,李大兴等人[2] 用辗转相除法给出了这个方案的破解.后来,曹珍富给出了很简单的渐近分数破解方法,即本题给出的破解.

另外,条件 $(p,v) = (q,u) = 1$ 是本题添加上去的.因为不然的话更加容易破解.例如,如果 $p \mid v$,只要计算 (m,n) 即可获得 p,进而获得 q;再计算 $\langle n \rangle_{p^2}$ 即可获得 v,进而获得 u,即可获得全部私钥.如果 $q \mid u$,只要计算 $\langle n \rangle_m$ 即可获得 v,由此对密文 c 取模 m 即可获得 x,因而获得 y,导致破解.有关情况可参阅[3].

[1] 杨义先,李世群,罗群. 丢番图公钥密码体制[J].
通信学报,1989,10(2):78 - 80.

［2］ 李大兴,张泽增. 基于 Euclid 辗转相除法攻破一类公钥密码体制［J］. 科学通报,1990,35(11)：871－874.

［3］ 曹珍富.公钥密码学［M］.哈尔滨:黑龙江教育出版社,1993.

151. 解答下列各题:

1) 设 p 是奇数,证明:p 和 $p+2$ 同时为素数的充要条件是

$$4(p-1)!+4 \equiv -p(\bmod p(p+2))$$

2) 设 k 是一个大于 2 的偶数,只用一个同余式,写出一个当 $p > k$ 且为奇数时,p 和 $p+k$ 同时为素数的充要条件.

证 熟知,由威尔逊定理可推出:设 $p > 1$,则 p 是素数的充要条件是

$$(p-1)! \equiv -1(\bmod p)$$

下面的证明将多次用到这一结论.

1) 因为 $(p, p+2) = 1$,则

$$4(p-1)!+4 \equiv -p(\bmod p(p+2))$$

当且仅当

$$4(p-1)!+4 \equiv -p(\bmod p)$$
$$4(p-1)!+4 \equiv -p(\bmod (p+2))$$

同时成立时才会成立.第一个式子可以推出

$$(p-1)! \equiv -1(\bmod p)$$

这是 p 为素数的充要条件.第二个式子可以推出

$$4(p-1)!+2 \equiv 0(\bmod (p+2))$$
$$(-2)(-1)(p-1)!+1 \equiv 0(\bmod (p+2))$$
$$(p+1)! \equiv -1(\bmod (p+2))$$

最后一式是 $p + 2$ 为素数的充要条件. 所以原命题得证.

2) $p + k$ 是素数当且仅当

$$(p + k - 1)! + 1 \equiv 0(\bmod(p + k))$$

即

$$k!(p - 1)! + 1 \equiv 0(\bmod(p + k))$$

而 p 是素数当且仅当

$$k!(p - 1)! + k! \equiv 0(\bmod p)$$

设有两个待定的系数为 μ 和 v, 且要求 $(p + k) \nmid \mu$, $p \nmid \mu$. 则前式写成

$$\mu[k!(p - 1)! + 1] + v(p + k) \equiv 0(\bmod(p + k))$$

后式写成

$$\mu[k!(p - 1)! + k!] + vp \equiv 0(\bmod p)$$

对照两式左边的系数, 得

$$\mu + vk = \mu k!$$

所以取 $\mu = k$, $v = k! - 1$, 即

$$k^2(k - 1)!(p - 1)! + k^2(k - 1)! \equiv$$
$$(1 - k!)p(\bmod(p + k))$$
$$k^2(k - 1)!(p - 1)! + k^2(k - 1)! \equiv$$
$$(1 - k!)p(\bmod p)$$

根据孙子定理, 当 $p > k$ 时, p 和 $p + k$ 同时为素数的充要条件为

$$k^2(k - 1)!(p - 1)! + k^2(k - 1)! \equiv$$
$$(1 - k!)p(\bmod p(p + k))$$

注　Clemant 在 1949 年首先提出了 1), 2) 首先是由 Cong Lin 和 Li Zhipeng[1] 指出的.

[1]　CONG Lin, LI Zhipeng. On Wilson's Theorem

and Polignac Conjecture. http://arxiv.org.

152. 记 p_i 为第 i 个素数，$p_1 = 2, p_2 = 3, p_3 = 5, \cdots$. 再记

$$q_n = \prod_{i=1}^{n} p_i + 1$$

证明：

1）p_n 到 q_n 之间，必然有一个新的素数；

2）若 $n \geqslant 3$，则在 p_n 到 $\dfrac{1}{2} q_n$ 之间，至少有 $\lfloor \log_2(2n) \rfloor + 1$ 个素数.

证 1）对于 $j = 1, 2, \cdots, n$，都有

$$\prod_{i=1}^{n} p_i - 1 \equiv -1 \pmod{p_j}$$

于是 $\prod_{i=1}^{n} p_i - 1$ 不能被前 n 个素数整除，从而必然含有一个更大的素因子，或者本身就是一个素数.

2）$n \geqslant 5$ 时，容易证明

$$p_n > 2n$$

则对于 $1 \leqslant j \leqslant \lfloor \log_2(2n) \rfloor + 1$ 的每个 j，$\prod_{i=2}^{n} p_i - 2^j$ 都在 p_n 到 $\dfrac{1}{2} q_n$ 之间，它们两两互素，而且它们都大于 p_n，即

$$\prod_{i=2}^{n} p_i - 2^j > 3p_n - 2^j > p_n$$

于是这 $\lfloor \log_2(2n) \rfloor + 1$ 个数 $\prod_{i=2}^{n} p_i - 2^j$，每个都含有一个不同的素因子，这些素因子又不是前 n 个素数，所以

命题得证.

注　Euclid 关于素数无限性的证明告诉我们,第 $n+1$ 个素数一定在 p_n 到 q_n+1 之间.但是,事实上第 $n+1$ 个素数远小于 q_n,在 p_n 到 q_n 之间还会存在有很多新的素数.本题中的结论 2)就是一个估计.但它也不是最好的估计,从素数定理出发可以得到更好的(但素数定理本身并不初等).读者还可以推广本题的结论,譬如设 p_i 为第 i 个形如 $4k+3$ 的素数,则在 p_n 到 $\prod\limits_{i=1}^{n} p_i$ 之间,可以证明必然有 $\lfloor \log_2(4n-4) \rfloor + 1$ 个形如 $4k+3$ 的新素数.本题选自文献[1].

[1]　ALDAZ J M,BRAVO A. Euclid's Argument on the Infinitude of Primes[J]. The Amer. Math. Monthly,2003,110:141.

153. 证明:存在无穷多个正整数 n,使得 n^2+1 有一个素因子 $p > 2n + \sqrt{2n}$.

证　方法 1:

$p \equiv 1(\bmod 4)$ 时,-1 是 p 的二次剩余.于是,存在一个 $1 < n < \dfrac{p}{2}$,使得 $n^2 \equiv -1(\bmod p)$,即 $p \mid (n^2+1)$.此时 $p > 2n$,接下来证明 $p > 2n + \sqrt{2n}$.

$$(p-2n)^2 \equiv p^2 - 4pn + 4n^2 \equiv -4(\bmod p)$$

又 $(p-2n)^2 > 0$,所以

$$(p-2n)^2 \geqslant p-4$$

$$p \geqslant 2n + \sqrt{p-4} \geqslant 2n + \sqrt{2n + \sqrt{p-4} - 4} > 2n + \sqrt{2n}$$

因为 $p \mid (n^2 + 1)$，所以 $n > \sqrt{p-1}$。由于 p 是任意选择的，所以对每个模 4 余 1 的素数，都有一个整数 n，使得 $n^2 + 1$ 以 p 为因子，且 $p > 2n + \sqrt{2n}$。

方法 2：

首先，任意取一个正整数 m，寻到 $(m!)^2 + 1$ 的一个素因子 p，即

$$(m!)^2 + 1 \equiv 0 (\bmod p)$$

设 n 是 $m!$ 模 p 的绝对最小剩余，也就是

$$n \equiv m! (\bmod p)$$

则

$$n^2 + 1 \equiv 0 (\bmod p)$$

不妨设 $0 < n < \dfrac{p}{2}$（如果 $n < 0$，令 $n' = -n$，同样也有 $p \mid (n')^2 + 1$），和证法 1 类似，我们可以证明

$$p > 2n + \sqrt{2n}$$

且

$$p \mid (n^2 + 1)$$

又注意到，m 是任意选取的，且 $p \geqslant m$，所以存在无穷多个 p 和对应的 n 满足题目的条件。

注 有个著名的猜想[1] 是说，数列 $\{n^2 + 1\}_{n \in \mathbf{N}}$ 中存在无穷多个素数，Hardy 等人还对这个数列中的素数个数猜想了一个估计公式。可知，只要考虑 n 为偶数的情况即可。如果 $p \mid (4k^2 + 1)$，则 $p \equiv 1 (\bmod 4)$，所以只要考虑模 4 余 1 的素数就可以了。这个猜想至今没有得到证明，本题是从这个猜想延伸出来的[2]。

[1] HARDY G H, WRIGHT E M. An introduction to the theory of numbers[M]. 5th ed. USA: Oxford

University Press,1980.

[2]　冯志刚.初等数论[M].上海:上海科技教育出版
　　社,2009.

154. 设$\lfloor x \rfloor$为不超过 x 的最大整数, n 为任意自然数, 证明

$$\lfloor \sqrt{n} + \sqrt{n+1} \rfloor = \lfloor \sqrt{4n+1} \rfloor \qquad (1)$$

$$\lfloor \sqrt{n} + \sqrt{n+1} + \sqrt{n+2} \rfloor = \lfloor \sqrt{9n+8} \rfloor \qquad (2)$$

$$\lfloor \sqrt{n} + \sqrt{n+1} + \sqrt{n+2} + \sqrt{n+3} \rfloor = \lfloor \sqrt{16n+20} \rfloor$$
$$(3)$$

证　在证明过程中经常会用到不等式

$$\sqrt{x} + \sqrt{y} \leqslant \sqrt{2x+2y}$$

（1）首先

$$\sqrt{n} + \sqrt{n+1} < \sqrt{2n+2(n+1)} = \sqrt{4n+2}$$

其次

$$(\sqrt{n} + \sqrt{n+1})^2 = 2n+1 + 2\sqrt{n(n+1)} >$$
$$2n+1+2n = 4n+1$$

所以

$$\lfloor \sqrt{4n+1} \rfloor \leqslant \lfloor \sqrt{n} + \sqrt{n+1} \rfloor < \lfloor \sqrt{4n+2} \rfloor$$

故原命题成立.

（2）首先

$$\sqrt{n} + \sqrt{n+1} + \sqrt{n+2} = (\sqrt{n} + \sqrt{n+2}) + \sqrt{n+1} <$$
$$3\sqrt{n+1} = \sqrt{9n+9}$$

其次,我们希望

$$\sqrt{n} + \sqrt{n+2} \geqslant 2\sqrt{n + \frac{8}{9}}$$

将上式两边同时平方,有

$$(\sqrt{n} + \sqrt{n+2})^2 = 2n + 2 + 2\sqrt{n(n+2)} \geqslant$$

$$4\left(n + \frac{8}{9}\right)$$

$$\sqrt{n(n+2)} \geqslant \left(n + \frac{7}{9}\right)$$

得 $n \geqslant \dfrac{49}{36}$. 而 $n = 1$ 的情况可直接验证, 故

$$\sqrt{n} + \sqrt{n+2} \geqslant 2\sqrt{n + \frac{8}{9}}$$

总是成立, 所以

$$\sqrt{n} + \sqrt{n+1} + \sqrt{n+2} = (\sqrt{n} + \sqrt{n+2}) + \sqrt{n+1} \geqslant$$

$$2\sqrt{n + \frac{8}{9}} + \sqrt{n + \frac{8}{9}} \geqslant$$

$$3\sqrt{n + \frac{8}{9}} = \sqrt{9n + 8}$$

于是

$$\lfloor \sqrt{9n+8} \rfloor \leqslant \sqrt{n} + \sqrt{n+1} + \sqrt{n+2} < \lfloor \sqrt{9n+9} \rfloor$$

命题得证.

（3）首先

$$\sqrt{n} + \sqrt{n+1} + \sqrt{n+2} + \sqrt{n+3} =$$

$$(\sqrt{n} + \sqrt{n+3}) + (\sqrt{n+1} + \sqrt{n+2}) \leqslant$$

$$\sqrt{2n + 2(n+3)} + \sqrt{2(n+1) + 2(n+2)} =$$

$$\sqrt{16n + 24}$$

其次

$$(\sqrt{n} + \sqrt{n+3})^2 \geqslant 2n + 3 + 2\sqrt{n(n+3)} >$$

$$2n + 3 + 2(n+1) =$$

$$4n + 5$$

$$(\sqrt{n+1}+\sqrt{n+2})^2 \geqslant$$
$$2n+3+2\sqrt{(n+1)(n+2)} >$$
$$2n+3+2(n+1)=4n+5$$

所以

$$\lfloor \sqrt{16n+20} \rfloor \leqslant$$
$$\lfloor \sqrt{n}+\sqrt{n+1}+\sqrt{n+2}+\sqrt{n+3} \rfloor \leqslant$$
$$\lfloor \sqrt{16n+24} \rfloor$$

奇数 $16n+21$ 和 $16n+23$ 不可能是平方数,因为它们模 8 的余数不是 1;$16n+22$ 也不是平方数,因为它模 4 的余数不是 0;$16n+24=4(4n+6)$,因为 $4n+6$ 不是平方数,所以 $16n+24$ 也不是平方数. 因此从 $16n+21$ 到 $16n+24$ 没有出现新的平方数,于是

$$\lfloor \sqrt{16n+20} \rfloor = \lfloor \sqrt{16n+24} \rfloor$$

命题得证.

　　注　用更精细的不等式估计,可以证明

$$\lfloor \sqrt{n}+\sqrt{n+1}+\sqrt{n+2}+\sqrt{n+3}+\sqrt{n+4} \rfloor =$$
$$\lfloor \sqrt{25n+49} \rfloor$$

$$\lfloor \sqrt{n}+\sqrt{n+1}+\sqrt{n+2}+\sqrt{n+3}+$$
$$\sqrt{n+4}+\sqrt{n+5} \rfloor =$$
$$\lfloor \sqrt{36n+89} \rfloor$$

这里,我们给出一个解决此类问题的一般方法. 记 $f(x)=\sqrt{x}$,由于 $f(x)$ 是严格凹的,所以有

$$\frac{f(x)+f(x+1)+\cdots+f(x+k)}{k+1} < f\left(x+\frac{k}{2}\right)$$

以及对于任意的 $\varepsilon \in (0,\frac{k}{2})$ 和充分大的 x,都有

$$f\left(x + \frac{k}{2} - \varepsilon\right) \leqslant \frac{f(x) + f(x+1) + \cdots + f(x+k)}{k+1}$$

由此可以证明,对于任意正整数 k 和充分大的正整数 n,都有

$$\lfloor \sqrt{n} + \sqrt{n+1} + \cdots + \sqrt{n+k} \rfloor =$$

$$\left\lfloor \sqrt{k^2 n + k \frac{(k+1)^2}{2} - 1} \right\rfloor$$

而且类似的结论还可以从 $\sqrt{}$ 推广到 $\sqrt[3]{}$,$\sqrt[4]{}$,$\cdots$.

本题可参考文献 [1].

[1] SALTZMAN PETER W,YUAN Pingzhi. On sums of consecutive integral roots[J]. The Amer. Math. Monthly,2008,115:254.

155. 1) 证明:若 p 取遍所有素数,则

$$\prod_p \frac{1}{1 - \frac{1}{p}}$$

是发散的.

2) 找出两个递增的自然数序列 a_i 和 b_i,满足

$$\lim_{n \to \infty} \frac{\varphi(a_n)}{a_n} = 1$$

且

$$\lim_{n \to \infty} \frac{\varphi(b_n)}{b_n} = 0$$

证 先证 1). 由于

$$\frac{1}{1 - \frac{1}{p}} = 1 + \frac{1}{p} + \frac{1}{p^2} + \frac{1}{p^3} + \cdots$$

所以

$$\prod_{p} \frac{1}{1 - \frac{1}{p}} = \left(1 + \frac{1}{p_1} + \frac{1}{p_1^2} + \cdots\right)\left(1 + \frac{1}{p_2} + \frac{1}{p_2^2} + \cdots\right) \cdot$$

$$\left(1 + \frac{1}{p_3} + \frac{1}{p_3^2} + \cdots\right)\cdots =$$

$$\prod_{n=1}^{\infty} \frac{1}{n}$$

显然, $\displaystyle\prod_{n=1}^{\infty} \frac{1}{n}$ 是发散的,所以原式也是发散的.

2) 令 a_n 表示第 n 个素数,则

$$\varphi(a_n) = a_n - 1$$

所以

$$\lim_{n\to\infty} \frac{\varphi(a_n)}{a_n} = \lim_{n\to\infty} \frac{a_n - 1}{a_n} = 1$$

令 $\displaystyle b_n = \prod_{k=1}^{n} a_n$,则

$$\varphi(b_n) = b_n \prod_{k=1}^{n}\left(1 - \frac{1}{a_k}\right)$$

所以

$$\lim_{n\to\infty} \frac{\varphi(b_n)}{b_n} = \lim_{n\to\infty} \prod_{k=1}^{n}\left(1 - \frac{1}{a_k}\right) = \prod_{p}\left(1 - \frac{1}{p}\right) = 0$$

上式中 p 表示取遍所有的素数,最后一个等式可以由第一问推得.

注　"素数是无限的"是数论中基本的性质之一. 它的证明有很多种,其中最著名的是 Euclid 和 Euler 分别给出的证明. Eudid 的证明十分简洁,几乎所有的数论教科书均有介绍. 155 题的 1) 介绍的是 Euler 的证明,这个证明虽然不那么直接,但与分析方法联系了起来,有着重要的意义. 用类似的方法,1737 年,Euler 证

明了 $\sum_{p} \dfrac{1}{p} = \infty$,这里 p 取遍所有的素数. Erdös 曾经猜想:如果无穷正整数序列 $a_1, a_2, \cdots$,满足

$$\sum_{j=1}^{\infty} \frac{1}{a_j} = \infty \tag{1}$$

则对任意给定的 k ,可以找到 k 个数在以上序列里成等差级数(即在 $a_1, \cdots, a_n, \cdots$ 中存在任意长的等差级数). 2006 年,陶哲轩获得 Fields 奖,其主要工作之一是:在素数序列 $p_1, \cdots, p_n, \cdots$ 中,存在任意长的等差级数. 由于素数序列 $p_1, \cdots, p_k, \cdots$,满足(1),故陶哲轩的工作证明了 Erdös 猜想的一部分.

此外,2) 的结论告诉我们, $\varphi(n)$ 和 n 的比值是难以把握的.

156. $\pi(n)$ 表示为不超过 n 的素数个数. 熟知,一个数如果是几个不同的素数的乘积,则称这个数没有平方因子. 任意一个正整数 a ,必然可以唯一分解成 $b^2 c$,其中 c 是一个没有平方因子的正整数, b 是一个正整数. 我们称这种分解为平方因子分解. 请借助于这些概念,证明

$$\pi(n) \geqslant \frac{1}{2} \log_2 n$$

证 一个整数 a 的平方因子分解为 $a = b^2 c$,如果 $a \leqslant n$,那么 $b \leqslant \sqrt{n}$,即 b 有 $\sqrt{n}$ 种不同的取法. 如果在 1 到 n 中有 $\pi(n)$ 个素数,那么 c 有 $2^{\pi(n)}$ 种不同的取法,这是因为 c 是由几个素数乘起来得到的. 1 到 n 中有 n 个不同的整数,他们的平方因子分解式当然也都必须不同. 根据乘法原理,有

$$n \leqslant \sqrt{n} \cdot 2^{\pi(n)}$$

所以

$$\pi(n) \geqslant \frac{1}{2} \log_2 n$$

注　156 题给出了 $\pi(n)$ 的一个下界,也是"素数无限"的又一个证明. 但是,这个下界太过粗略. 切比雪夫定理

$$\frac{1}{8} \frac{n}{\log n} \leqslant \pi(n) \leqslant 12 \frac{n}{\log n} (n \geqslant 2) \qquad (1)$$

是一个较为粗细的估计,但无法由此推出著名的素数定理,即

$$\lim_{x \to \infty} \frac{\pi(x)}{\dfrac{x}{\log x}} = 1 \qquad (2)$$

式(2) 是 Gauss 于 1792 年提出的一个猜想. 利用 Riemann Zeta 函数理论,1896 年,Hadamard 和 Poussin 分别独立地完成了素数定理的证明. 1949 年,Selberg 和 Erdös 各自独立地给出了素数定理的初等证明.

157. 讨论同余方程 $a^x \equiv 1 \pmod x$,其中 x 是未知数. 证明以下均为方程有解的必要条件:

1)$a = 2$ 时,$x = 1$;

2)$a = 3$ 和 $x > 1$ 时,x 必须是偶数;

3)x 的最小素因子 p 整除 $a - 1$;

4)x 与 a 互素;

5) 如果 $a \not\equiv 1 \pmod x$,则 $(\varphi(x), x) > 1$.

证　1)$a = 2$ 时,若 $x > 1$,由于 $2^x \equiv 1 \pmod x$,所以 x 一定是奇数. 设 x 的最小素因子为 p. 注意,从原方程可以推出 $2^x \equiv 1 \pmod p$,即 $\mathrm{ord}_p(2) \mid x$,而 $\mathrm{ord}_p(2)$

是一个大于 1 且小于 p 的数,这与 p 是最小素因子矛盾,故 $x = 1$.

2) 同上,设 x 的最小素因子为 p,有 $\mathrm{ord}_p(3) \mid x$. 由 Fermat 小定理知

$$\mathrm{ord}_p(3) \mid (p-1)$$

于是

$$\mathrm{ord}_p(3) \mid (x, p-1)$$

由于 p 是 x 的最小素因子,所以

$$(x, p-1) = 1$$

即

$$\mathrm{ord}_p(3) = 1$$

于是 $3 \equiv 1 \pmod p$,从而得到 $p = 2$,即 x 是偶数.

3) 同上,有 $\mathrm{ord}_p(a) \mid x$. 同理推出 $\mathrm{ord}_p(a) = 1$,于是 $a \equiv 1 \pmod p$,即 $p \mid (a-1)$.

4) 设 $d = (a, x)$,不妨设 $x > 1$. 如果 $d > 1$,因为 $d \mid a^x$,所以

$$d \nmid (a^x - 1)$$

从而

$$x \nmid (a^x - 1)$$

矛盾.

5) 因为 $a^{\varphi(x)} \equiv 1 \pmod x$,又 $a^x \equiv 1 \pmod x$,所以

$$a^{(\varphi(x), x)} \equiv 1 \pmod x$$

注意 $a \not\equiv 1 \pmod x$,于是 $(\varphi(x), x) > 1$.

158. 设 $N = pq$,如果 $\min\{p, q\} \geqslant k$,试用 N, k 给出 $\varphi(N)$ 的上、下界.

解　因为 $pq = N$,所以 $p + q \geqslant 2\sqrt{N}$,又由于

$$\varphi(N) = (p-1)(q-1) = N + 1 - p - q$$

192

于是
$$\varphi(N) \leqslant N + 1 - 2\sqrt{N}$$

另一方面,不妨设 $p > \sqrt{N} \geqslant q$,则可得

$$\varphi(N) = N + 1 - p - q \geqslant N + 1 - \frac{N}{q} - \sqrt{N} =$$

$$\frac{q-1}{q}N + 1 - \sqrt{N}$$

于是由 $q \geqslant k$ 知,上式给出

$$\varphi(N) \geqslant \frac{q-1}{q}N + 1 - \sqrt{N} \geqslant \frac{k-1}{k}N + 1 - \sqrt{N}$$

所以,我们得到用 N, k 表示的 $\varphi(N)$ 的上、下界,即

$$\frac{k-1}{k}N + 1 - \sqrt{N} \leqslant \varphi(N) \leqslant N + 1 - 2\sqrt{N}$$

159. 设 (x_1, y_1) 是 Pell 方程 $x^2 - Dy^2 = 1$ 的基本解,这个方程的解都满足

$$x_n + y_n\sqrt{D} = (x_1 + y_1\sqrt{D})^n$$

设 $(x_0, y_0) = (1, 0)$,证明:

1) 对任意 $0 \leqslant k \leqslant n$,有

$$x_n = x_{n-k}x_k + Dy_{n-k}y_k$$

$$y_n = y_{n-k}x_k + x_{n-k}y_k$$

2) 对任意 $0 \leqslant k \leqslant n$,有

$$x_k = x_{n-k}x_n - Dy_{n-k}y_n$$

$$y_k = x_{n-k}y_n - y_{n-k}x_n$$

证　记 $P = \begin{pmatrix} x_1 & Dy_1 \\ y_1 & x_1 \end{pmatrix}$,首先来证明 $\begin{pmatrix} x_n \\ y_n \end{pmatrix} = P^n \begin{pmatrix} 1 \\ 0 \end{pmatrix}$.

令

$$\lambda_1 = x_1 + y_1\sqrt{D}, \quad \lambda_2 = x_1 - y_1\sqrt{D}$$

由 $x_n + y_n\sqrt{D} = (x_1 + y_1\sqrt{D})^n$,得

$$x_n = \frac{\lambda_1^n + \lambda_2^n}{2}, \quad y_n = \frac{\lambda_1^n - \lambda_2^n}{2\sqrt{D}}$$

令 $\boldsymbol{T} = \begin{pmatrix} \sqrt{D} & -\sqrt{D} \\ 1 & 1 \end{pmatrix}$, $\boldsymbol{T}^{-1} = \frac{1}{2D}\begin{pmatrix} \sqrt{D} & D \\ -\sqrt{D} & D \end{pmatrix}$,则

$$\boldsymbol{T}\begin{pmatrix} \lambda_1 & 0 \\ 0 & \lambda_2 \end{pmatrix}\boldsymbol{T}^{-1} = \begin{pmatrix} \sqrt{D} & -\sqrt{D} \\ 1 & 1 \end{pmatrix}\begin{pmatrix} \lambda_1 & 0 \\ 0 & \lambda_2 \end{pmatrix}\frac{1}{2D}\begin{pmatrix} \sqrt{D} & D \\ -\sqrt{D} & D \end{pmatrix}$$

于是

$$\boldsymbol{P}^n = \boldsymbol{T}\begin{pmatrix} \lambda_1 & 0 \\ 0 & \lambda_2 \end{pmatrix}^n \boldsymbol{T}^{-1} =$$

$$\begin{pmatrix} \sqrt{D} & -\sqrt{D} \\ 1 & 1 \end{pmatrix}\begin{pmatrix} \lambda_1^n & 0 \\ 0 & \lambda_2^n \end{pmatrix}\frac{1}{2D}\begin{pmatrix} \sqrt{D} & D \\ -\sqrt{D} & D \end{pmatrix} =$$

$$\begin{pmatrix} x_n & Dy_n \\ y_n & x_n \end{pmatrix}$$

所以,有

$$\boldsymbol{P}^n\begin{pmatrix} 1 \\ 0 \end{pmatrix} = \begin{pmatrix} x_n \\ y_n \end{pmatrix}$$

其次,$\boldsymbol{P}^n$ 是可逆的,可以验证其逆为

$$\begin{pmatrix} x_n & -Dy_n \\ -y_n & x_n \end{pmatrix}$$

而

$$\begin{pmatrix} x_n \\ y_n \end{pmatrix} = \boldsymbol{P}^n\begin{pmatrix} 1 \\ 0 \end{pmatrix} = \boldsymbol{P}^{n-k}\boldsymbol{P}^k\begin{pmatrix} 1 \\ 0 \end{pmatrix} = \boldsymbol{P}^{n-k}\begin{pmatrix} x_k \\ y_k \end{pmatrix}$$

所以,有

$$\begin{pmatrix} x_n \\ y_n \end{pmatrix} = \boldsymbol{P}^{n-k} \begin{pmatrix} x_k \\ y_k \end{pmatrix}, \begin{pmatrix} x_k \\ y_k \end{pmatrix} = (\boldsymbol{P}^{n-k})^{-1} \begin{pmatrix} x_n \\ y_n \end{pmatrix}$$

从而证明了原命题.

注　利用这组公式,读者可以推得 Pell 方程的积化和差的公式

$$x_m x_n = \frac{1}{2}(x_{m+n} + x_{m-n})$$

$$y_m y_n = \frac{1}{2D}(x_{m+n} - x_{m-n})$$

$$y_m x_n = \frac{1}{2}(y_{m+n} + y_{m-n})$$

$$x_m y_n = \frac{1}{2}(y_{m+n} - y_{m-n})$$

当 m, n 奇偶性相同时,还可以得到一组和差化积的公式

$$x_m + x_n = 2x_{\frac{m+n}{2}}x_{\frac{m-n}{2}}$$

$$y_m + y_n = 2y_{\frac{m+n}{2}}x_{\frac{m-n}{2}}$$

$$x_m - x_n = 2Dy_{\frac{m+n}{2}}y_{\frac{m-n}{2}}$$

$$y_m - y_n = 2x_{\frac{m+n}{2}}y_{\frac{m-n}{2}}$$

和差化积公式常被用来求解很难处理的丢番图方程问题. 例如 1983 年,曹珍富首先提出了丢番图方程组 $x^2 + 1 = 2y^2, x^2 - 1 = 2Dz^2$ 的求解问题,并得到 D 为不超过 5 个素数乘积时该方程组的全部正整数解(参看文献[1],[2]). 13 年后,Ono 发现这个丢番图方程组在椭圆曲线中有重要应用(参看文献[3]). 1997 年,Walsh 得到这个方程组在 D 为不超过 4 个素数乘积时的全部正整数解(参看文献[4]). Walsh 的结果被 Ono 称为"the nice result". 显然,Walsh 的结果包含在 14 年前曹珍富的结果中. 后来,董晓蕾等人求解了方程组

在 D 为不超过 7 个素数乘积时的全部正整数解(参看文献[5]).

[1] 曹珍富. 关于丢番图方程 $x^2 + 1 = 2y^2$,$x^2 - 1 = 2Dz^2$[J]. 数学杂志,1983(3):227 - 235.

[2] 曹珍富. 丢番图方程引论[M]. 哈尔滨:哈尔滨工业大学出版社,2012.

[3] ONO K. Euler's concordant forms[J]. Acta Arithmetica,1996(78):101 - 123.

[4] WALSH P G. On integer solutions to $x^2 - dy^2 = 1$, $z^2 - 2dy^2 = 1$[J]. Acta Arithmetica,1997,82(1): 69 - 76.

[5] DONG Xiaolei,CAO Zhenfu. The simultaneous Pell equations $y^2 - Dz^2 = 1$ and $x^2 - 2Dz^2 = 1$[J]. Acta Arithmetica,2007,126(2):115 - 123.

160. 证明丢番图方程组
$$\begin{cases} x^2 - x + 1 = 13v^2 \\ x + 1 = u^2 \end{cases}$$
无整数解.

证 第一个式子等价于
$$(2x - 1)^2 - 13(2v)^2 = -3$$
令 $\alpha = 2x - 1, \beta = 2v$,有
$$\alpha^2 - 13\beta^2 = -3$$

接下来研究这个方程解的数论性质. 这个方程的解是由两个结合类构成的,第一个结合类的基本解是
$$(\alpha_1, \beta_1) = (7, 2)$$
所以该类中的全部正整数解为

$$\alpha_n + \beta_n \sqrt{13} = (\alpha_1 + \beta_1 \sqrt{13})(\tau_1 + \eta_1 \sqrt{13})^n$$

其中 $\tau_1 + \eta_1 \sqrt{13}$ 是 $\alpha^2 - 13\beta^2 = 1$ 的基本解, 即

$$(\tau_1, \eta_1) = (649, 180)$$

我们希望证明对所有 α_n, 都有 $\alpha_n \equiv 1 \pmod{3}$. 这是因为

$$\begin{pmatrix} \alpha_n \\ \beta_n \end{pmatrix} = \begin{pmatrix} \tau_1 & 13\eta_1 \\ \eta_1 & \tau_1 \end{pmatrix}^n \begin{pmatrix} \alpha_1 \\ \beta_1 \end{pmatrix}$$

如果对矩阵中所有数字都模 3, 那么

$$\begin{pmatrix} \alpha_n \\ \beta_n \end{pmatrix} = \begin{pmatrix} 1 & 0 \\ 0 & 1 \end{pmatrix}^n \begin{pmatrix} 1 \\ -1 \end{pmatrix} \equiv \begin{pmatrix} 1 \\ -1 \end{pmatrix} \pmod{3}$$

显然有 $\alpha_n \equiv 1 \pmod{3}$.

第二个结合类的基本解是 $(s_1, t_1) = (137, 38)$. 所以该类中的全部正整数解为

$$s_n + t_n \sqrt{13} = (s_1 + t_1 \sqrt{13})(\tau_1 + \eta_1 \sqrt{13})^n$$

我们希望证明对所有 s_n, 都有 $s_n \equiv 1 \pmod{8}$. 这是因为

$$\begin{pmatrix} s_n \\ t_n \end{pmatrix} = \begin{pmatrix} \tau_1 & 13\eta_1 \\ \eta_1 & \tau_1 \end{pmatrix}^n \begin{pmatrix} s_1 \\ t_1 \end{pmatrix}$$

如果对矩阵中所有数字都模 8, 那么在模 8 意义下, 有

$$\begin{pmatrix} 1 & 4 \\ 4 & 1 \end{pmatrix}^2 = \begin{pmatrix} 1 & 0 \\ 0 & 1 \end{pmatrix}$$

故

$$\begin{pmatrix} s_n \\ t_n \end{pmatrix} = \begin{pmatrix} 1 & 4 \\ 4 & 1 \end{pmatrix}^n \begin{pmatrix} 1 \\ 6 \end{pmatrix} \equiv \begin{cases} \begin{pmatrix} 1 \\ 6 \end{pmatrix} \pmod{8}, \text{若 } n \text{ 为偶数} \\ \begin{pmatrix} 1 \\ 2 \end{pmatrix} \pmod{8}, \text{若 } n \text{ 为奇数} \end{cases}$$

所以 $s_n \equiv 1 \pmod{8}$.

取 (s_n, t_n) 代入 $x + 1 = u^2$,有

$$u^2 = x + 1 = \frac{s_n + 3}{2}$$

两边取模 4,发现

$$u^2 \equiv 2 \pmod 4$$

这不可能. 取 (α_n, β_n) 代入

$$u^2 = \frac{\alpha_n + 3}{2}, 2u^2 \equiv 1 \pmod 3$$

则

$$1 = \left(\frac{1}{3}\right) = \left(\frac{2u^2}{3}\right) = \left(\frac{2}{3}\right) = -1$$

也不可能. 所以原方程无解.

注 本题是求解丢番图方程 $x^3 + 1 = 13y^2$ 的一部分. 求解丢番图方程 $x^3 + 1 = 13y^2$ 的思路是将这个方程归结成四种情形

$$x + 1 = 13u^2, \quad x^2 - x + 1 = v^2, \quad y = uv$$
$$x + 1 = u^2, \quad x^2 - x + 1 = 13v^2, \quad y = uv$$
$$x + 1 = 3 \cdot 13u^2, \quad x^2 - x + 1 = 3v^2, \quad y = 3uv$$
$$x + 1 = 3u^2, \quad x^2 - x + 1 = 3 \cdot 13v^2, \quad y = 3uv$$

然后分别求解它们,本题就是其中的第二种情形. 159、160 题的结果是基本的,本书证明采用了文献[1].

对于二元二次不定方程 $x^2 - dy^2 = c$,其中 $d > 0$ 且不是一个平方数,c 是一个不为 0 的整数,如果它有一组整数解,则有无穷多组解,可以通过对应的 Pell 方程 $x^2 - dy^2 = 1$ 的一个解,建立 $x^2 - dy^2 = c$ 的诸解之间的一个等价关系,从而把它的全部解分成若干个等价类,且可证其类数有限. 特别当 $c = \pm p$ 时(这里 p 为素数),可具体定出它们的类数:当 p 是 $2d$ 的因数时,类数为 1;当 p 不是 $2d$ 的因数时,类数为 2. 本题的不定方程

$x^2 - 13y^2 = -3$ 就属后一种情形(请参阅文献[2]).

[1] 佟瑞洲.广义 Fermat 方程与指数丢番图方程[M].沈阳:辽宁科学技术出版社,2011.

[2] 柯召,孙琦.谈谈不定方程[M].哈尔滨:哈尔滨工业大学出版社,2011:23 -29.

161. 证明:存在无穷多个 k,使得数列 $\{k2^n + 1\}_{n \in \mathbb{N}}$ 中的数均为合数.

证　设 Fermat 数 $F_0 = 3$,$F_1 = 5$,$F_2 = 17$,$F_3 = 257$,$F_4 = 65\,537$ 均为素数. 设 $F_5 = 2^{32} + 1 = 641p$,其中 p 也是个素数. 为了证明原命题,我们只需证明一条引理:对任意自然数 k,如果 $k > p$ 且满足

$$k \equiv 1 \pmod{641(2^{32} - 1)}$$

$$k \equiv -1 \pmod{p}$$

那么 $\{k2^n + 1\}_{n \in \mathbb{N}}$ 中的数就都是合数.

引理的证明如下:

首先将 n 写成 $2^m(2t + 1)$ 的形式,如果 $m \in \{0,1,2,3,4\}$,那么

$$k2^n + 1 \equiv 2^{2^m(2t+1)} + 1 \pmod{2^{32} - 1}$$

注意到

$$F_m \mid (2^{32} - 1) \text{ 且 } F_m \mid (2^{2^m(2t+1)} + 1)$$

所以

$$F_m \mid (k2^n + 1)$$

如果 $m = 5$,那么有

$$k2^n + 1 \equiv 2^{2^5(2t+1)} + 1 \pmod{641}$$

注意到

$$641 \mid (2^{2^5} + 1), \quad (2^{2^5} + 1) \mid (2^{2^5(2t+1)} + 1)$$

所以 $k2^n + 1$ 也是合数. 现在讨论 $m > 5$ 的情形, 有 $2^6 \mid n$, 设 $n = 2^6 h$, 使用引理中关于 k 的第二个同余式, 得到

$$k2^n + 1 \equiv -2^{2^6 h} + 1 \pmod p$$

注意 $p \mid F_5, F_5 \mid (F_6 - 2), (F_6 - 2) \mid (2^{2^6 h} - 1)$, 所以 $p \mid (k2^n + 1)$, 引理得证.

从引理推导原命题是显然的.

注 本题结论首先由 Sierpinski 在 1960 年获得[1].

[1] KRIZEK MICHAL, LUCA FLORIAN, SOMER LAWRENCE. 17 Lectures on Fermat Numbers [M]. Springer, 2002.

162. 设素数 $p \mid F_m$, 其中 $F_m = 2^{2^m} + 1$, 证明: $p^2 \mid F_m$ 当且仅当 $2^{p-1} \equiv 1 \pmod{p^2}$.

证 如果 $p^2 \mid F_m$, 那么

$$2^{2^m} \equiv -1 \pmod{p^2}$$
$$2^{2^{m+2}} \equiv 2^{2^m \cdot 4} \equiv (2^{2^m})^4 \equiv 1 \pmod{p^2}$$

所以对任何 k, 都有

$$2^{k2^{m+2}} \equiv 1 \pmod{p^2}$$

熟知, Fermat 数的素因数 p 必然可以写成 $k2^{m+2} + 1$ 的形式, 于是 $2^{p-1} \equiv 1 \pmod{p^2}$.

如果 $2^{p-1} \equiv 1 \pmod{p^2}$, 则

$$\mathrm{ord}_{p^2}(2) \mid (p-1)$$

所以 $p \nmid \mathrm{ord}_{p^2}(2)$. 于是

$$\mathrm{ord}_{p^2}(2) \equiv \mathrm{ord}_p(2)$$

即 $2^k \equiv 1 \pmod{p^2}$ 成立当且仅当 $2^k \equiv 1 \pmod p$ 成立.

因为 $p \mid F_m$，所以

$$2^{2^m} \equiv -1 \,(\mathrm{mod}\ p)$$

因此

$$2^{2^{m+1}} \equiv 1 \,(\mathrm{mod}\ p)\,, \quad 2^{2^{m+1}} \equiv 1 \,(\mathrm{mod}\ p^2)$$

这说明

$$p^2 \mid (2^{2^{m+1}} - 1) = (2^{2^m} + 1)(2^{2^m} - 1) = F_m(F_m - 2)$$

因为 $p \mid F_m$，$(F_m, F_m - 2) = 1$，所以 $p^2 \mid F_m$.

初等数论的一些定义和定理

§0

我们常用以下记号:

用字母 $a,b,c,\cdots$ 表示整数.

$\max\{a,b\}$ 表示 a,b 中较大者,$\min\{a,b\}$ 表示 a,b 中较小者.

$$\sum_{i=1}^{k} a_i = a_1 + a_2 + \cdots + a_k.$$

$$\sum_{i=1}^{\infty} a_i = a_1 + a_2 + \cdots,$$ 表示对无穷序列 $a_1,a_2,\cdots$ 求和.

$$\prod_{i=1}^{k} a_i = a_1 \cdot a_2 \cdot \cdots \cdot a_k,$$ 表示 k 个整数 $a_1,a_2,\cdots,a_k$ 连乘.

$$n! = n \cdot (n-1) \cdot \cdots \cdot 2 \cdot 1.$$

$$\binom{n}{r} = \frac{n(n-1)\cdots(n-r+1)}{r!}$$

其中 $n > 0, 1 \leqslant r \leqslant n$.

§1

任给两个整数 a,b,其中 $b > 0$,如果存在一个整数 q 使得等式 $a = bq$ 成立,我们说 b 整除 a,记作 $b \mid a$,此时,a 叫作 b 的倍数,b 叫作 a 的因数. 注意,因数常指正的. 如果 b 不能整除 a,就记作 $b \nmid a$.

如果 $a^t \mid b, a^{t+1} \nmid b, t \geqslant 1$,记作 $a^t \parallel b$.

§2

设 a,b 是任给的两个整数,其中 $b > 0$,则存在两个唯一的整数 q 和 r,使得 $a = bq + r, 0 \leqslant r < b, r$ 称为 a 模 b 的最小非负剩余.

§3

设 $a_1, a_2, \cdots, a_n$ 是 n 个整数 $(n \geqslant 2)$,如果整数 d 是它们之中每一个数的因数,那么 d 就叫作 $a_1, a_2, \cdots, a_n$ 的一个公因数,所有公因数中最大的叫作最大公因数,记作 $(a_1, a_2, \cdots, a_n)$. 如果有 $(a_1, a_2, \cdots, a_n) = 1$,就说 $a_1, a_2, \cdots, a_n$ 互素. 如果 m 是这 n 个数的倍数,那么把 m 叫作这 n 个数的公倍数,一切公倍数中的最小正数叫作最小公倍数,记作 $[a_1, a_2, \cdots, a_n]$,而且 $[a_1, a_2, \cdots, a_n] \mid m$.

§4

一个大于 1 的整数,如果它的因数只有 1 和它本身,这个数就叫作素数,否则就叫复合数. 任一大于 1 的整数 a 能够唯一地写成 $a = p_1^{\alpha_1} \cdot p_2^{\alpha_2} \cdot \cdots \cdot p_k^{\alpha_k}, \alpha_i > 0, i = 1, 2, \cdots, k, p_1 < p_2 < \cdots < p_k$ 是素数,这个式子叫作 a 的标准分解式(整数的唯一分解定理).

§5

设 $a = p_1^{a_1} \cdot p_2^{a_2} \cdot \cdots \cdot p_s^{a_s}, a_i \geqslant 0, i = 1, 2, \cdots, s; b = p_1^{b_1} \cdot p_2^{b_2} \cdot \cdots \cdot p_s^{b_s}, b_i \geqslant 0, i = 1, 2, \cdots, s; p_1 < p_2 < \cdots < p_s$ 是素数. 则有

$$(a, b) = p_1^{\min\{a_1, b_1\}} \cdot p_2^{\min\{a_2, b_2\}} \cdot \cdots \cdot p_s^{\min\{a_s, b_s\}}$$
$$[a, b] = p_1^{\max\{a_1, b_1\}} \cdot p_2^{\max\{a_2, b_2\}} \cdot \cdots \cdot p_s^{\max\{a_s, b_s\}}$$

还有

$$ab = (a, b)[a, b]$$

§6

给定一个整数 $m > 0$,如果对两个整数 a, b 有 $m \mid a - b$,也就是 a, b 除 m 后的余数相同,则叫 a, b 对模 m 同余,记作 $a \equiv b \pmod{m}$.

以 m 为模,可以把全体整数按照余数来分类,凡用

m 来除有相同余数的整数都归成同一类. 这样,便可把全体整数分成 m 个类

$$\{0\},\{1\},\cdots,\{m-1\}$$

叫作模 m 的剩余类,其中 $\{0\}$ 是除以 m 后余数为 0 的所有整数,$\{1\}$ 是除以 m 后余数为 1 的所有整数,等等.

如果整数 a_i 取自剩余类 $\{i\}$,$i = 0,1,\cdots,m-1$,则 $a_0,a_1,\cdots,a_{m-1}$ 叫作模 m 的一组完全剩余系.

§7

设 x 是任一实数,用 $[x]$ 来表示适合下列不等式的整数:

$$[x] \leqslant x < [x] + 1$$

即 $[x]$ 表示不超过 x 的最大整数.

对于任何实数 x,y,有 $[x+y] \geqslant [x] + [y]$.

在 $1,2,\cdots,n$ 中恰有 $\left[\dfrac{n}{m}\right]$ 个数是正整数 m 的倍数.

§8

设 $n > 0$,$\sigma(n) = \sum\limits_{d \mid n} d$ 表示 n 的所有因数的和,设 $n = p_1^{\alpha_1} p_2^{\alpha_2} \cdots p_k^{\alpha_k}$ 是 n 的标准分解式,则有

$$\sigma(n) = \frac{p_1^{\alpha_1+1} - 1}{p_1 - 1} \cdot \frac{p_2^{\alpha_2+1} - 1}{p_2 - 1} \cdot \cdots \cdot \frac{p_k^{\alpha_k+1} - 1}{p_k - 1}$$

设 $d(n) = \sum_{d \mid n} 1$ 表示 n 的因数的个数,则有

$$d(n) = (\alpha_1 + 1) \cdot (\alpha_2 + 1) \cdot \cdots \cdot (\alpha_k + 1)$$

设 $\varphi(n)$ 表示 $0, 1, \cdots, n - 1$ 中与 n 互素的数的个数,则有

$$\varphi(n) = n(1 - \frac{1}{p_1})(1 - \frac{1}{p_2}) \cdots (1 - \frac{1}{p_k})$$

§9

设 $m > 0, (m, a) = 1$,则 $a^{\varphi(m)} \equiv 1 (\bmod\ m)$;当 $m = p$ 是素数时,由于 $\varphi(p) = p - 1$,故如果 $(a, p) = 1$,则 $a^{p-1} \equiv 1 (\bmod\ p)$.

§10

设 p 是素数,a_i 是整数,$i = 0, 1, \cdots, n, p \nmid a_n$,则

$$a_n x^n + a_{n-1} x^{n-1} + \cdots + a_1 x + a_0 \equiv 0 \pmod{p}$$

解的个数 $(0 \leqslant x \leqslant p - 1) \leqslant n$,重解已计算在内.

如果 p 是素数,则有 $(p - 1)! + 1 \equiv 0 (\bmod\ p)$.

§11

设 $m > 0$,如果 $(n, m) = 1$,且同余式

$$x^2 \equiv n \pmod{m}$$

有解,就称 n 为模 m 的二次剩余;如果上面的同余式没

有解,就称 n 为模 m 的二次非剩余.

设 $p > 2$ 为素数,共有 $\dfrac{1}{2}(p-1)$ 个模 p 的二次剩余, $\dfrac{1}{2}(p-1)$ 个模 p 的二次非剩余,且

$$1^2, 2^2, \cdots, \left(\frac{1}{2}(p-1)\right)^2$$

为模 p 的全体二次剩余.

设 $p \nmid n$,Legendre 符号 $\left(\dfrac{n}{p}\right)$ 定义为

$$\left(\frac{n}{p}\right) = \begin{cases} 1, & \text{如果 } n \text{ 是模 } p \text{ 的二次剩余} \\ -1, & \text{如果 } n \text{ 是模 } p \text{ 的二次非剩余} \end{cases}$$

则有 $\left(\dfrac{n}{p}\right) \equiv n^{\frac{p-1}{2}} (\bmod\, p)$.

§12

我们有

$$\left(\frac{-1}{p}\right) = (-1)^{\frac{p-1}{2}}$$

$$\left(\frac{2}{p}\right) = (-1)^{\frac{p^2-1}{8}}$$

p 为奇素数,以及

$$\left(\frac{p}{q}\right)\left(\frac{q}{p}\right) = (-1)^{\frac{p-1}{2} \cdot \frac{q-1}{2}}$$

其中 p, q 为不同的奇素数.

§13

设 $m > 1$ 是一个奇数, $m = p_1 p_2 \cdots p_t$, $p_i (i = 1, \cdots, t)$ 是素数, $(m, n) = 1$, Jacobi 符号 $\left(\dfrac{n}{m}\right)$ 定义为

$$\left(\frac{n}{m}\right) = \prod_{i=1}^{t} \left(\frac{n}{p_i}\right)$$

我们有

$$\left(\frac{-1}{m}\right) = (-1)^{\frac{m-1}{2}}, \quad \left(\frac{2}{m}\right) = (-1)^{\frac{m^2-1}{2}}$$

以及当 $n > 1$ 是一个奇数时, 有

$$\left(\frac{n}{m}\right)\left(\frac{m}{n}\right) = (-1)^{\frac{m-1}{2} \cdot \frac{n-1}{2}}$$

§14

设 $(a, m) = 1$, $m > 0$, 如果 $s > 0$, $a^s \equiv 1 \pmod{m}$, 而对小于 s 的任意正整数 u, $a^u \not\equiv 1 \pmod{m}$, 则叫 a 模 m 的次数是 s. 我们有 $s \mid \varphi(m)$, 当 $s = \varphi(m)$ 时, a 叫 m 的元根.

m 有元根的充分必要条件是 $m = 2, 4, p^l, 2p^l, l \geqslant 1$, p 是奇素数.

§ 15

设 $m_1, m_2, \cdots, m_k$ 是 k 个两两互素的正整数,$M = m_1 m_2 \cdots m_k, M_i = \dfrac{M}{m_i}, i = 1, 2, \cdots, k$,则同余式组

$$x \equiv b_1 (\bmod m_1), \quad \cdots, \quad x \equiv b_k (\bmod m_k)$$

有唯一解

$$x \equiv M'_1 M_1 b_1 + M'_2 M_2 b_2 + \cdots + M'_k M_k b_k \pmod{M}$$

其中 $M'_i M_i \equiv 1 (\bmod m_i), i = 1, 2, \cdots, k$(孙子定理).

§ 16

在 $n!$ 的标准分解式中素因数 p 的方幂为

$$\sum_{r=1}^{\infty} \left[\frac{n}{p^r} \right].$$

§ 17

设整数 $D > 1$ 不是平方数,Pell 方程通常指以下四类不定方程

$$x^2 - Dy^2 = N, \quad N = \pm 1, \ \pm 4$$

当 $N = 1$ 时,Pell 方程 $x^2 - Dy^2 = 1$ 有无穷多组整数解 x, y. 设 $x_0^2 - Dy_0^2 = 1, x_0 > 0, y_0 > 0$ 是所有 $x > 0$, $y > 0$ 的解中使 $x + y\sqrt{D}$ 最小的那组解(称 $\{x_0, y_0\}$ 为

$x^2 - Dy^2 = 1$ 的基本解),则 $x^2 - Dy^2 = 1$ 的全部解 x, y 由

$$x + y\sqrt{D} = \pm(x_0 + y_0\sqrt{D})^n$$

表出,其中 n 是任意整数.

当 $N = -1$ 时,Pell 方程 $x^2 - Dy^2 = -1$ 如果有整数解,且设 $a^2 - Db^2 = -1, a > 0, b > 0$ 是所有 $x > 0$, $y > 0$ 的解中使 $x + y\sqrt{D}$ 最小的那组解($\{a, b\}$ 叫作 $x^2 - Dy^2 = -1$ 的基本解),则 $x^2 - Dy^2 = -1$ 的全部解 x, y 由

$$x + y\sqrt{D} = \pm(a + b\sqrt{D})^{2n+1}$$

表出,其中 n 是任意整数,且

$$x_0 + y_0\sqrt{D} = (a + b\sqrt{D})^2$$

其中 $\{x_0, y_0\}$ 是 $x^2 - Dy^2 = 1$ 的基本解.

当 $N = \pm 4$ 时,有类似的结果.

《初等数论 100 例》原序

附录 1

这里选编了 100 道初等数论题目和它们的解答. 这些题目的解法虽然用到的知识不多, 但比较灵活, 有一定的难度, 通过这些题目和解答, 能够增强我们解决数学问题的能力, 并使读者了解一些初等数论的内容和方法. 初等数论的知识和技巧是我们学习近代数学时所需要的, 特别是学习某些应用数学学科时所需要的, 因此, 这本小册子除了可以作为中学教师、中学数学小组的读物外, 也可供广大数学爱好者阅读.

这些题目是我们从事数论教学中逐步积累的一部分, 主要选自《美国数学月刊》杂志, 以及爱尔特希 (P. Erdös) 著《数论的若干问题》, 谢尔宾斯基 (W. Sierpiński) 著《数论》等书籍. 其中也有我们自己的一些结果. 为了避免重复, 国内容易找到的一些数论教科书和数学竞赛中的题目, 我们基本上没有选入.

同时对其中某些还可进一步深入探讨的题目,我们在解答后面加了一些注释.

这 100 道题目中的绝大部分仅仅用到初等数论中的整除、同余等简单的内容,只有一小部分题目要用到二次剩余、元根等知识. 为方便读者,我们在后面列出了所需要的定义和定理. 至于这些定理的证明,读者可以在任何一本初等数论的书中找到.

限于作者水平,错误与不当之处,尚祈读者指正.

柯召　孙琦

1979 年 3 月于成都

《初等数论经典例题》原序

　　这里编著了 62 个初等数论经典例题,除每题都有详细解答外,大多数例题都给出了评注和参考文献,以指明其出处,或介绍它们的背景,供读者进一步阅读.这些例题包含以下三方面内容:

　　1. 与初等数论基础知识有关的习题,涉及整除性理论、同余式、数论函数($\varphi(n),d(n),\pi(n)$ 等)、二次剩余中的 Jacobi 符号、元根、佩尔方程等.

　　2. 某些经典结果和问题的有关研究工作,如早期 Fermat 大定理研究中的 Germain 定理,偶指数情形的 Catalan 猜想和柯召方法,Chevally 定理及其应用,一个同余式的解数在 Weil 猜想中的应用,运用 Pell 方程的性质研究组合数学中的 Hall 方程,不定方程的幂数比较法,加法数论的一些结果,计算 Smith 矩阵的行列式值,多元置换多项式的几个基本性质,等等.

3. 初等数论在密码学、计算数论、有限域上的算术等领域的若干应用,如 RSA 的小指数攻击和共模攻击,基于二次剩余的公钥加密方案及其改进,有限域 F_p 上 n 阶可逆阵与经典 Hill 对称密码,正整数的标准二进制表示及其含零元最少的良好性质(可用于有限域上椭圆曲线公钥密码体制),有限域上元根的 Golomb 猜想,在一定条件下分解 N 和计算 $\varphi(N)$ 或计算 $\mathrm{ord}_N(2)$ 的等价性,等等.

众所周知,初等数论是数论的一个分支,主要用算术方法研究整数的性质,是一门重要的数学基础课. 它的许多定理和方法,不仅在数学的其他分支,而且在一些应用学科中,都有广泛的应用. 初等数论课程中的习题,是学习初等数论的重要环节. 通过阅读例题和做习题,可以更好地理解和掌握课程中的概念、定理和方法. 因此,我们希望《初等数论经典例题》这本小册子,能够为学习初等数论的读者,提供一点帮助. 此外,这本小册子的大部分题目是我们在长期教学和科研实践中提出的,尤其是在现代密码学中提炼的题目,希望对从事数论和密码学研究的有关读者也能有一点帮助.

1979 年,上海教育出版社出版了柯召先生和孙琦合编的一本小册子,叫作《初等数论 100 例》,是他们在教学中积累的一部分题目. 最近,哈尔滨工业大学出版社重版了该书. 可以说,这里编著的 62 道例题传承了《初等数论 100 例》的风格,用到的知识虽然不多,但比较灵活,有一定难度,其中有的例题构思精巧,证明简洁,体现了数学之美,这也为数学的素质教育提供了一些例题.

2012 年 11 月 8 日,是柯召先生逝世 10 周年的日

子,我们谨以此书作为对柯召先生的纪念.

作者也感谢为本书的整理、打字付出劳动的几位研究生.

限于我们的水平,书中难免有缺点和疏漏,尚祈读者指正.

孙琦 曹珍富

2012 年 3 月

○ 编辑手记

本书是我们数学工作室两部数论精品的合集,其书名的含义曹珍富教授都在前言中介绍了.为了使读者对此版本有更多的了解,曹教授嘱笔者再介绍几句.我们基本上尊重原著,只是将原先两部著作的前言保留了下来,当作本书的附录1和附录2.

近日,数论专家张益唐大火,有媒体问"什么能让公众对数学更感兴趣?"他回答说:"许多问题,尤其是数论中的问题,很容易让公众理解,即使是一些更深刻的数学问题,理解这些问题本身并不困难,这可以帮助人们对数学更感兴趣."

数论,特别是初等数论题目浩如烟海,穷其一个人的毕生精力都不可能"刷尽",况且有些貌似初等实则为超级难题,所以怎样从题海中将"珍珠"打捞出来是一个难题,非独具大师之慧眼不可.前一阵网上在讨论中国为什么出不来菲尔兹奖得主,其中以单墫教授的回答最为精彩——我国至今无人获得菲尔兹奖的一个原因就是我国至今无人获得菲尔兹奖.这句话的意思是只有跟着大师才有可能成为大师,而柯召先生就是这方面世界公认的大师.

柯召先生生于1910年,那时的中国虽然贫困,但正在觉醒.梁启超先生在茫茫太平洋上写下《少年中国说》——"红日初升,其道大光;河出伏流,一泻汪洋;潜龙腾渊,鳞爪飞扬;乳虎啸谷,百兽震惶." 曾几何时,他们接续前辈,漂洋过海,科学救国,意气风发,鲜衣怒马,斗志昂扬,势如破竹.本书的三位作者在中国数论界独树一帜,恰如本书的书名"流淌着曼彻斯特血脉",其实这一点早在三十多年前笔者与曹教授相识于哈工大时就听他说起过,今天不过是老话重提罢了.

笔者与作者相识逾三十年,这里笔者可以向读者透露曹教授除了数论、计算机、密码学方面的知名教授身份外,当年还有一个很显赫的头衔:黑龙江省数学奥林匹克委员会专家组组长.可以说20世纪90年代哈尔滨数学奥林匹克事业的一个小高潮离不开曹教授的热心参与.在一次全省数学奥林匹克学员评选最佳授课教师的活动中,曹教授与笔者的老师冯宝琦教授高票位居前两名,后被国家集训队调去做培训讲座.这段尘封的历史应随本书重现天日.

数学的解题是有风格之分的,就像同样的食材经过不同厨师之手所呈现出的美食味道不同一样,同样的,一个题目经不同解答者之手给出的解答风格完全不同.有的迂回、暴力、繁复,且浮于表面,而有的则直接、简洁、优美,而且直击本质.笔者认为曹教授所谓的曼彻斯特血脉者应如后者,更精微之处已非外人所体会.

本书所选题目及解法,无疑是精且好的!

什么是好,好是 Good, Better, Best, Great,……的一种进阶.

Good 是"常识",就是做到还不错,需要对一门课、一个学科有常识性的认知.

Better 是"技术",需要做到一定程度的复杂刻意训练才能把一道题做出优美解法的品质.

Best 是"秘密",需要洞察一些隐秘的逻辑和关系,才能发现提出一个定理的真正秘密.

Great 是"艺术",就是能够随心所欲地协同要素,道法自然地创立一个真正伟大的理论体系.

从这个角度上论,曼彻斯特学派的东西确实称得上 Great!

刘培杰

2022 年 11 月 10 日

于哈工大

书　名	出版时间	定　价	编号
新编中学数学解题方法全书(高中版)上卷(第2版)	2018－08	58.00	951
新编中学数学解题方法全书(高中版)中卷(第2版)	2018－08	68.00	952
新编中学数学解题方法全书(高中版)下卷(一)(第2版)	2018－08	58.00	953
新编中学数学解题方法全书(高中版)下卷(二)(第2版)	2018－08	58.00	954
新编中学数学解题方法全书(高中版)下卷(三)(第2版)	2018－08	68.00	955
新编中学数学解题方法全书(初中版)上卷	2008－01	28.00	29
新编中学数学解题方法全书(初中版)中卷	2010－07	38.00	75
新编中学数学解题方法全书(高考复习卷)	2010－01	48.00	67
新编中学数学解题方法全书(高考真题卷)	2010－01	38.00	62
新编中学数学解题方法全书(高考精华卷)	2011－03	68.00	118
新编平面解析几何解题方法全书(专题讲座卷)	2010－01	18.00	61
新编中学数学解题方法全书(自主招生卷)	2013－08	88.00	261
数学奥林匹克与数学文化(第一辑)	2006－05	48.00	4
数学奥林匹克与数学文化(第二辑)(竞赛卷)	2008－01	48.00	19
数学奥林匹克与数学文化(第二辑)(文化卷)	2008－07	58.00	36′
数学奥林匹克与数学文化(第三辑)(竞赛卷)	2010－01	48.00	59
数学奥林匹克与数学文化(第四辑)(竞赛卷)	2011－08	58.00	87
数学奥林匹克与数学文化(第五辑)	2015－06	98.00	370
世界著名平面几何经典著作钩沉——几何作图专题卷(共3卷)	2022－01	198.00	1460
世界著名平面几何经典著作钩沉(民国平面几何老课本)	2011－03	38.00	113
世界著名平面几何经典著作钩沉(建国初期平面三角老课本)	2015－08	38.00	507
世界著名解析几何经典著作钩沉——平面解析几何卷	2014－01	38.00	264
世界著名数论经典著作钩沉(算术卷)	2012－01	28.00	125
世界著名数学经典著作钩沉——立体几何卷	2011－02	28.00	88
世界著名三角学经典著作钩沉(平面三角卷Ⅰ)	2010－06	28.00	69
世界著名三角学经典著作钩沉(平面三角卷Ⅱ)	2011－01	38.00	78
世界著名初等数论经典著作钩沉(理论和实用算术卷)	2011－07	38.00	126
世界著名几何经典著作钩沉(解析几何卷)	2022－10	68.00	1564
发展你的空间想象力(第3版)	2021－01	98.00	1464
空间想象力进阶	2019－05	68.00	1062
走向国际数学奥林匹克的平面几何试题诠释.第1卷	2019－07	88.00	1043
走向国际数学奥林匹克的平面几何试题诠释.第2卷	2019－09	78.00	1044
走向国际数学奥林匹克的平面几何试题诠释.第3卷	2019－03	78.00	1045
走向国际数学奥林匹克的平面几何试题诠释.第4卷	2019－09	98.00	1046
平面几何证明方法全书	2007－08	35.00	1
平面几何证明方法全书习题解答(第2版)	2006－12	18.00	10
平面几何天天练上卷·基础篇(直线型)	2013－01	58.00	208
平面几何天天练中卷·基础篇(涉及圆)	2013－01	28.00	234
平面几何天天练下卷·提高篇	2013－01	58.00	237
平面几何专题研究	2013－07	98.00	258
平面几何解题之道.第1卷	2022－05	38.00	1494
几何学习题集	2020－10	48.00	1217
通过解题学习代数几何	2021－04	88.00	1301
圆锥曲线的奥秘	2022－06	88.00	1541

刘培杰数学工作室
已出版(即将出版)图书目录——初等数学

书 名	出版时间	定 价	编号
最新世界各国数学奥林匹克中的平面几何试题	2007—09	38.00	14
数学竞赛平面几何典型题及新颖解	2010—07	48.00	74
初等数学复习及研究(平面几何)	2008—09	68.00	38
初等数学复习及研究(立体几何)	2010—06	38.00	71
初等数学复习及研究(平面几何)习题解答	2009—01	58.00	42
几何学教程(平面几何卷)	2011—03	68.00	90
几何学教程(立体几何卷)	2011—07	68.00	130
几何变换与几何证题	2010—06	88.00	70
计算方法与几何证题	2011—06	28.00	129
立体几何技巧与方法(第2版)	2022—10	168.00	1572
几何瑰宝——平面几何500名题暨1500条定理(上、下)	2021—07	168.00	1358
三角形的解法与应用	2012—07	18.00	183
近代的三角形几何学	2012—07	48.00	184
一般折线几何学	2015—08	48.00	503
三角形的五心	2009—06	28.00	51
三角形的六心及其应用	2015—10	68.00	542
三角形趣谈	2012—08	28.00	212
解三角形	2014—01	28.00	265
探秘三角形:一次数学旅行	2021—10	68.00	1387
三角学专门教程	2014—09	28.00	387
图天下几何新题试卷.初中(第2版)	2017—11	58.00	855
圆锥曲线习题集(上册)	2013—06	68.00	255
圆锥曲线习题集(中册)	2015—01	78.00	434
圆锥曲线习题集(下册·第1卷)	2016—10	78.00	683
圆锥曲线习题集(下册·第2卷)	2018—01	98.00	853
圆锥曲线习题集(下册·第3卷)	2019—10	128.00	1113
圆锥曲线的思想方法	2021—08	48.00	1379
圆锥曲线的八个主要问题	2021—10	48.00	1415
论九点圆	2015—05	88.00	645
近代欧氏几何学	2012—03	48.00	162
罗巴切夫斯基几何学及几何基础概要	2012—07	28.00	188
罗巴切夫斯基几何学初步	2015—06	28.00	474
用三角、解析几何、复数、向量计算解数学竞赛几何题	2015—03	48.00	455
用解析法研究圆锥曲线的几何理论	2022—05	48.00	1495
美国中学几何教程	2015—04	88.00	458
三线坐标与三角形特征点	2015—04	98.00	460
坐标几何学基础.第1卷,笛卡儿坐标	2021—08	48.00	1398
坐标几何学基础.第2卷,三线坐标	2021—09	28.00	1399
平面解析几何方法与研究(第1卷)	2015—05	18.00	471
平面解析几何方法与研究(第2卷)	2015—06	18.00	472
平面解析几何方法与研究(第3卷)	2015—07	18.00	473
解析几何研究	2015—01	38.00	425
解析几何学教程.上	2016—01	38.00	574
解析几何学教程.下	2016—01	38.00	575
几何学基础	2016—01	58.00	581
初等几何研究	2015—02	58.00	444
十九和二十世纪欧氏几何学中的片段	2017—01	58.00	696
平面几何中考.高考.奥数一本通	2017—07	28.00	820
几何学简史	2017—08	28.00	833
四面体	2018—01	48.00	880
平面几何证明方法思路	2018—12	68.00	913
折纸中的几何练习	2022—09	48.00	1559
中学新几何学(英文)	2022—10	98.00	1562

书 名	出版时间	定 价	编号
平面几何图形特性新析.上篇	2019－01	68.00	911
平面几何图形特性新析.下篇	2018－06	88.00	912
平面几何范例多解探究.上篇	2018－04	48.00	910
平面几何范例多解探究.下篇	2018－12	68.00	914
从分析解题过程学解题:竞赛中的几何问题研究	2018－07	68.00	946
从分析解题过程学解题:竞赛中的向量几何与不等式研究(全2册)	2019－06	138.00	1090
从分析解题过程学解题:竞赛中的不等式问题	2021－01	48.00	1249
二维、三维欧氏几何的对偶原理	2018－12	38.00	990
星形大观及闭折线论	2019－03	68.00	1020
立体几何的问题和方法	2019－11	58.00	1127
三角代换论	2021－05	58.00	1313
俄罗斯平面几何问题集	2009－08	88.00	55
俄罗斯立体几何问题集	2014－03	58.00	283
俄罗斯几何大师——沙雷金论数学及其他	2014－01	48.00	271
来自俄罗斯的5000道几何习题及解答	2011－03	58.00	89
俄罗斯初等数学问题集	2012－05	38.00	177
俄罗斯函数问题集	2011－03	38.00	103
俄罗斯组合分析问题集	2011－01	48.00	79
俄罗斯初等数学万题选——三角卷	2012－11	38.00	222
俄罗斯初等数学万题选——代数卷	2013－08	68.00	225
俄罗斯初等数学万题选——几何卷	2014－01	68.00	226
俄罗斯《量子》杂志数学征解问题100题选	2018－08	48.00	969
俄罗斯《量子》杂志数学征解问题又100题选	2018－08	48.00	970
俄罗斯《量子》杂志数学征解问题	2020－05	48.00	1138
463个俄罗斯几何老问题	2012－01	28.00	152
《量子》数学短文精粹	2018－09	38.00	972
用三角、解析几何等计算解来自俄罗斯的几何题	2019－11	88.00	1119
基谢廖夫平面几何	2022－01	48.00	1461
数学:代数、数学分析和几何(10－11年级)	2021－01	48.00	1250
立体几何.10－11年级	2022－01	58.00	1472
直观几何学:5－6年级	2022－04	58.00	1508
平面几何:9－11年级	2022－10	48.00	1571

谈谈素数	2011－03	18.00	91
平方和	2011－03	18.00	92
整数论	2011－05	38.00	120
从整数谈起	2015－10	28.00	538
数与多项式	2016－01	38.00	558
谈谈不定方程	2011－05	28.00	119
质数漫谈	2022－07	68.00	1529

解析不等式新论	2009－06	68.00	48
建立不等式的方法	2011－03	98.00	104
数学奥林匹克不等式研究(第2版)	2020－07	68.00	1181
不等式研究(第二辑)	2012－02	68.00	153
不等式的秘密(第一卷)(第2版)	2014－02	38.00	286
不等式的秘密(第二卷)	2014－01	38.00	268
初等不等式的证明方法	2010－06	38.00	123
初等不等式的证明方法(第二版)	2014－11	38.00	407
不等式·理论·方法(基础卷)	2015－07	38.00	496
不等式·理论·方法(经典不等式卷)	2015－07	38.00	497
不等式·理论·方法(特殊类型不等式卷)	2015－07	48.00	498
不等式探究	2016－03	38.00	582
不等式探秘	2017－01	88.00	689
四面体不等式	2017－01	68.00	715
数学奥林匹克中常见重要不等式	2017－09	38.00	845

刘培杰数学工作室
已出版(即将出版)图书目录——初等数学

书　名	出版时间	定　价	编号
三正弦不等式	2018—09	98.00	974
函数方程与不等式:解法与稳定性结果	2019—04	68.00	1058
数学不等式.第1卷,对称多项式不等式	2022—05	78.00	1455
数学不等式.第2卷,对称有理不等式与对称无理不等式	2022—05	88.00	1456
数学不等式.第3卷,循环不等式与非循环不等式	2022—05	88.00	1457
数学不等式.第4卷,Jensen不等式的扩展与加细	2022—05	88.00	1458
数学不等式.第5卷,创建不等式与解不等式的其他方法	2022—05	88.00	1459
同余理论	2012—05	38.00	163
[x]与{x}	2015—04	48.00	476
极值与最值.上卷	2015—06	28.00	486
极值与最值.中卷	2015—06	38.00	487
极值与最值.下卷	2015—06	28.00	488
整数的性质	2012—11	38.00	192
完全平方数及其应用	2015—08	78.00	506
多项式理论	2015—10	88.00	541
奇数、偶数、奇偶分析法	2018—01	98.00	876
不定方程及其应用.上	2018—12	58.00	992
不定方程及其应用.中	2019—01	78.00	993
不定方程及其应用.下	2019—02	98.00	994
Nesbitt不等式加强式的研究	2022—06	128.00	1527
历届美国中学生数学竞赛试题及解答(第一卷)1950—1954	2014—07	18.00	277
历届美国中学生数学竞赛试题及解答(第二卷)1955—1959	2014—04	18.00	278
历届美国中学生数学竞赛试题及解答(第三卷)1960—1964	2014—06	18.00	279
历届美国中学生数学竞赛试题及解答(第四卷)1965—1969	2014—04	28.00	280
历届美国中学生数学竞赛试题及解答(第五卷)1970—1972	2014—06	18.00	281
历届美国中学生数学竞赛试题及解答(第六卷)1973—1980	2017—07	18.00	768
历届美国中学生数学竞赛试题及解答(第七卷)1981—1986	2015—01	18.00	424
历届美国中学生数学竞赛试题及解答(第八卷)1987—1990	2017—05	18.00	769
历届中国数学奥林匹克试题集(第3版)	2021—10	58.00	1440
历届加拿大数学奥林匹克试题集	2012—08	38.00	215
历届美国数学奥林匹克试题集:1972~2019	2020—04	88.00	1135
历届波兰数学竞赛试题集.第1卷,1949~1963	2015—03	18.00	453
历届波兰数学竞赛试题集.第2卷,1964~1976	2015—03	18.00	454
历届巴尔干数学奥林匹克试题集	2015—05	38.00	466
保加利亚数学奥林匹克	2014—10	38.00	393
圣彼得堡数学奥林匹克试题集	2015—01	38.00	429
匈牙利奥林匹克数学竞赛题解.第1卷	2016—05	28.00	593
匈牙利奥林匹克数学竞赛题解.第2卷	2016—05	28.00	594
历届美国数学邀请赛试题集(第2版)	2017—10	78.00	851
普林斯顿大学数学竞赛	2016—06	38.00	669
亚太地区数学奥林匹克竞赛题	2015—07	18.00	492
日本历届(初级)广中杯数学竞赛试题及解答.第1卷(2000~2007)	2016—05	28.00	641
日本历届(初级)广中杯数学竞赛试题及解答.第2卷(2008~2015)	2016—05	38.00	642
越南数学奥林匹克题选:1962—2009	2021—07	48.00	1370
360个数学竞赛问题	2016—08	58.00	677
奥数最佳实战题.上卷	2017—06	38.00	760
奥数最佳实战题.下卷	2017—06	58.00	761
哈尔滨市早期中学数学竞赛试题汇编	2016—07	28.00	672
全国高中数学联赛试题及解答:1981—2019(第4版)	2020—07	138.00	1176
2022年全国高中数学联合竞赛模拟题集	2022—06	30.00	1521
20世纪50年代全国部分城市数学竞赛试题汇编	2017—07	28.00	797

刘培杰数学工作室
已出版(即将出版)图书目录——初等数学

书　名	出版时间	定　价	编号
国内外数学竞赛题及精解:2018～2019	2020—08	45.00	1192
国内外数学竞赛题及精解:2019～2020	2021—11	58.00	1439
许康华竞赛优学精选集.第一辑	2018—08	68.00	949
天问叶班数学问题征解100题.Ⅰ,2016—2018	2019—05	88.00	1075
天问叶班数学问题征解100题.Ⅱ,2017—2019	2020—07	98.00	1177
美国初中数学竞赛:AMC8准备(共6卷)	2019—07	138.00	1089
美国高中数学竞赛:AMC10准备(共6卷)	2019—08	158.00	1105
王连笑教你怎样学数学:高考选择题解题策略与客观题实用训练	2014—01	48.00	262
王连笑教你怎样学数学:高考数学高层次讲座	2015—02	48.00	432
高考数学的理论与实践	2009—08	38.00	53
高考数学核心题型解题方法与技巧	2010—01	28.00	86
高考思维新平台	2014—03	38.00	259
高考数学压轴题解题诀窍(上)(第2版)	2018—01	58.00	874
高考数学压轴题解题诀窍(下)(第2版)	2018—01	48.00	875
北京市五区文科数学三年高考模拟题详解:2013～2015	2015—08	48.00	500
北京市五区理科数学三年高考模拟题详解:2013～2015	2015—09	68.00	505
向量法巧解数学高考题	2009—08	28.00	54
高中数学课堂教学的实践与反思	2021—11	48.00	791
数学高考参考	2016—01	78.00	589
新课程标准高考数学解答题各种题型解法指导	2020—08	78.00	1196
全国及各省市高考数学试题审题要津与解法研究	2015—02	48.00	450
高中数学章节起始课的教学研究与案例设计	2019—05	28.00	1064
新课标高考数学——五年试题分章详解(2007～2011)(上、下)	2011—10	78.00	140,141
全国中考数学压轴题审题要津与解法研究	2013—04	78.00	248
新编全国及各省市中考数学压轴题审题要津与解法研究	2014—05	58.00	342
全国各省市5年中考数学压轴题审题要津与解法研究(2015版)	2015—04	58.00	462
中考数学专题总复习	2007—04	28.00	6
中考数学较难题常考题型解题方法与技巧	2016—09	48.00	681
中考数学难题常考题型解题方法与技巧	2016—09	48.00	682
中考数学中档题常考题型解题方法与技巧	2017—08	68.00	835
中考数学选填压轴好题妙解365	2017—05	38.00	759
中考数学:三类重点考题的解法例析与习题	2020—04	48.00	1140
中小学数学的历史文化	2019—11	48.00	1124
初中平面几何百题多思创新解	2020—01	58.00	1125
初中数学中考备考	2020—01	58.00	1126
高考数学之九章演义	2019—08	68.00	1044
高考数学之难题谈笑间	2022—06	68.00	1519
化学可以这样学:高中化学知识方法智慧感悟疑难辨析	2019—07	58.00	1103
如何成为学习高手	2019—09	58.00	1107
高考数学:经典真题分类解析	2020—04	78.00	1134
高考数学解答题破解策略	2020—11	58.00	1221
从分析解题过程学解题:高考压轴题与竞赛题之关系探究	2020—08	88.00	1179
教学新思考:单元整体视角下的初中数学教学设计	2021—03	58.00	1278
思维再拓展:2020年经典几何题的多解探究与思考	即将出版		1279
中考数学小压轴汇编初讲	2017—07	48.00	788
中考数学大压轴专题微言	2017—09	48.00	846
怎么解中考平面几何探索题	2019—06	48.00	1093
北京中考数学压轴题解题方法突破(第7版)	2021—11	68.00	1442
助你高考成功的数学解题智慧:知识是智慧的基础	2016—01	58.00	596
助你高考成功的数学解题智慧:错误是智慧的试金石	2016—04	58.00	643
助你高考成功的数学解题智慧:方法是智慧的推手	2016—04	68.00	657
高考数学奇思妙解	2016—04	38.00	610
高考数学解题策略	2016—05	48.00	670
数学解题泄天机(第2版)	2017—10	48.00	850

刘培杰数学工作室
已出版(即将出版)图书目录——初等数学

书 名	出版时间	定 价	编号
高考物理压轴题全解	2017－04	58.00	746
高中物理经典问题25讲	2017－05	28.00	764
高中物理教学讲义	2018－01	48.00	871
高中物理教学讲义:全模块	2022－03	98.00	1492
高中物理答疑解惑65篇	2021－11	48.00	1462
中学物理基础问题解析	2020－08	48.00	1183
2016年高考文科数学真题研究	2017－04	58.00	754
2016年高考理科数学真题研究	2017－04	78.00	755
2017年高考理科数学真题研究	2018－01	58.00	867
2017年高考文科数学真题研究	2018－01	48.00	868
初中数学、高中数学脱节知识补缺教材	2017－06	48.00	766
高考数学小题抢分必练	2017－10	48.00	834
高考数学核心素养解读	2017－09	38.00	839
高考数学客观题解题方法和技巧	2017－10	38.00	847
十年高考数学精品试题审题要津与解法研究	2021－10	98.00	1427
中国历届高考数学试题及解答.1949－1979	2018－01	38.00	877
历届中国高考数学试题及解答.第二卷,1980－1989	2018－10	28.00	975
历届中国高考数学试题及解答.第三卷,1990－1999	2018－10	48.00	976
数学文化与高考研究	2018－03	48.00	882
跟我学解高中数学题	2018－07	58.00	926
中学数学研究的方法及案例	2018－05	58.00	869
高考数学抢分技能	2018－07	68.00	934
高一新生常用数学方法和重要数学思想提升教材	2018－06	38.00	921
2018年高考数学真题研究	2019－01	68.00	1000
2019年高考数学真题研究	2020－05	88.00	1137
高考数学全国卷六道解答题常考题型解题诀窍:理科(全2册)	2019－07	78.00	1101
高考数学全国卷16道选择、填空题常考题型解题诀窍.理科	2018－09	88.00	971
高考数学全国卷16道选择、填空题常考题型解题诀窍.文科	2020－01	88.00	1123
高中数学一题多解	2019－06	58.00	1087
历届中国高考数学试题及解答:1917－1999	2021－08	98.00	1371
2000～2003年全国及各省市高考数学试题及解答	2022－05	88.00	1499
2004年全国及各省市高考数学试题及解答	2022－07	78.00	1500
突破高原:高中数学解题思维探究	2021－08	48.00	1375
高考数学中的"取值范围"	2021－10	48.00	1429
新课程标准高中数学各种题型解法大全.必修一分册	2021－06	58.00	1315
新课程标准高中数学各种题型解法大全.必修二分册	2022－01	68.00	1471
高中数学各种题型解法大全.选择性必修一分册	2022－06	68.00	1525

新编640个世界著名数学智力趣题	2014－01	88.00	242
500个最新世界著名数学智力趣题	2008－06	48.00	3
400个最新世界著名数学最值问题	2008－09	48.00	36
500个世界著名数学征解问题	2009－06	48.00	52
400个中国最佳初等数学征解老问题	2010－01	48.00	60
500个俄罗斯数学经典老题	2011－01	28.00	81
1000个国外中学物理好题	2012－04	48.00	174
300个日本高考数学题	2012－05	38.00	142
700个早期日本高考数学试题	2017－02	88.00	752
500个前苏联早期高考数学试题及解答	2012－05	28.00	185
546个早期俄罗斯大学生数学竞赛题	2014－03	38.00	285
548个来自美苏的数学好问题	2014－11	28.00	396
20所苏联著名大学早期入学试题	2015－02	18.00	452
161道德国工科大学生必做的微分方程习题	2015－05	28.00	469
500个德国工科大学生必做的高数习题	2015－06	28.00	478
360个数学竞赛问题	2016－08	58.00	677
200个趣味数学故事	2018－02	48.00	857
470个数学奥林匹克中的最值问题	2018－10	88.00	985
德国讲义日本考题.微积分卷	2015－04	48.00	456
德国讲义日本考题.微分方程卷	2015－04	38.00	457
二十世纪中叶中、英、美、日、法、俄高考数学试题精选	2017－06	38.00	783

刘培杰数学工作室
已出版(即将出版)图书目录——初等数学

书 名	出版时间	定 价	编号
中国初等数学研究 2009 卷(第 1 辑)	2009—05	20.00	45
中国初等数学研究 2010 卷(第 2 辑)	2010—05	30.00	68
中国初等数学研究 2011 卷(第 3 辑)	2011—07	60.00	127
中国初等数学研究 2012 卷(第 4 辑)	2012—07	48.00	190
中国初等数学研究 2014 卷(第 5 辑)	2014—02	48.00	288
中国初等数学研究 2015 卷(第 6 辑)	2015—06	68.00	493
中国初等数学研究 2016 卷(第 7 辑)	2016—04	68.00	609
中国初等数学研究 2017 卷(第 8 辑)	2017—01	98.00	712
初等数学研究在中国.第 1 辑	2019—03	158.00	1024
初等数学研究在中国.第 2 辑	2019—10	158.00	1116
初等数学研究在中国.第 3 辑	2021—05	158.00	1306
初等数学研究在中国.第 4 辑	2022—06	158.00	1520
几何变换(Ⅰ)	2014—07	28.00	353
几何变换(Ⅱ)	2015—06	28.00	354
几何变换(Ⅲ)	2015—01	38.00	355
几何变换(Ⅳ)	2015—12	38.00	356
初等数论难题集(第一卷)	2009—05	68.00	44
初等数论难题集(第二卷)(上、下)	2011—02	128.00	82,83
数论概貌	2011—03	18.00	93
代数数论(第二版)	2013—08	58.00	94
代数多项式	2014—06	38.00	289
初等数论的知识与问题	2011—02	28.00	95
超越数论基础	2011—03	28.00	96
数论初等教程	2011—03	28.00	97
数论基础	2011—03	18.00	98
数论基础与维诺格拉多夫	2014—03	18.00	292
解析数论基础	2012—08	28.00	216
解析数论基础(第二版)	2014—01	48.00	287
解析数论问题集(第二版)(原版引进)	2014—05	88.00	343
解析数论问题集(第二版)(中译本)	2016—04	88.00	607
解析数论基础(潘承洞,潘承彪著)	2016—07	98.00	673
解析数论导引	2016—07	58.00	674
数论入门	2011—03	38.00	99
代数数论入门	2015—03	38.00	448
数论开篇	2012—07	28.00	194
解析数论引论	2011—03	48.00	100
Barban Davenport Halberstam 均值和	2009—01	40.00	33
基础数论	2011—03	28.00	101
初等数论 100 例	2011—05	18.00	122
初等数论经典例题	2012—07	18.00	204
最新世界各国数学奥林匹克中的初等数论试题(上、下)	2012—01	138.00	144,145
初等数论(Ⅰ)	2012—01	18.00	156
初等数论(Ⅱ)	2012—01	18.00	157
初等数论(Ⅲ)	2012—01	28.00	158

刘培杰数学工作室
已出版(即将出版)图书目录——初等数学

书　　　名	出版时间	定　价	编号
平面几何与数论中未解决的新老问题	2013—01	68.00	229
代数数论简史	2014—11	28.00	408
代数数论	2015—09	88.00	532
代数、数论及分析习题集	2016—11	98.00	695
数论导引提要及习题解答	2016—01	48.00	559
素数定理的初等证明.第2版	2016—09	48.00	686
数论中的模函数与狄利克雷级数(第二版)	2017—11	78.00	837
数论:数学导引	2018—01	68.00	849
范氏大代数	2019—02	98.00	1016
解析数学讲义.第一卷,导来式及微分、积分、级数	2019—04	88.00	1021
解析数学讲义.第二卷,关于几何的应用	2019—04	68.00	1022
解析数学讲义.第三卷,解析函数论	2019—04	78.00	1023
分析·组合·数论纵横谈	2019—04	58.00	1039
Hall代数:民国时期的中学数学课本:英文	2019—08	88.00	1106
基谢廖夫初等代数	2022—07	38.00	1531
数学精神巡礼	2019—01	58.00	731
数学眼光透视(第2版)	2017—06	78.00	732
数学思想领悟(第2版)	2018—01	68.00	733
数学方法溯源(第2版)	2018—08	68.00	734
数学解题引论	2017—05	58.00	735
数学史话览胜(第2版)	2017—01	48.00	736
数学应用展观(第2版)	2017—08	68.00	737
数学建模尝试	2018—04	48.00	738
数学竞赛采风	2018—01	68.00	739
数学测评探营	2019—05	58.00	740
数学技能操握	2018—03	48.00	741
数学欣赏拾趣	2018—02	48.00	742
从毕达哥拉斯到怀尔斯	2007—10	48.00	9
从迪利克雷到维斯卡尔迪	2008—01	48.00	21
从哥德巴赫到陈景润	2008—05	98.00	35
从庞加莱到佩雷尔曼	2011—08	138.00	136
博弈论精粹	2008—03	58.00	30
博弈论精粹.第二版(精装)	2015—01	88.00	461
数学 我爱你	2008—01	28.00	20
精神的圣徒 别样的人生——60位中国数学家成长的历程	2008—09	48.00	39
数学史概论	2009—06	78.00	50
数学史概论(精装)	2013—03	158.00	272
数学史选讲	2016—01	48.00	544
斐波那契数列	2010—02	28.00	65
数学拼盘和斐波那契魔方	2010—07	38.00	72
斐波那契数列欣赏(第2版)	2018—08	58.00	948
Fibonacci数列中的明珠	2018—06	58.00	928
数学的创造	2011—02	48.00	85
数学美与创造力	2016—01	48.00	595
数海拾贝	2016—01	48.00	590
数学中的美(第2版)	2019—04	68.00	1057
数论中的美学	2014—12	38.00	351

刘培杰数学工作室

已出版(即将出版)图书目录——初等数学

书 名	出版时间	定 价	编号
数学王者 科学巨人——高斯	2015—01	28.00	428
振兴祖国数学的圆梦之旅:中国初等数学研究史话	2015—06	98.00	490
二十世纪中国数学史料研究	2015—10	48.00	536
数字谜、数阵图与棋盘覆盖	2016—01	58.00	298
时间的形状	2016—01	38.00	556
数学发现的艺术:数学探索中的合情推理	2016—07	58.00	671
活跃在数学中的参数	2016—07	48.00	675
数海趣史	2021—05	98.00	1314
数学解题——靠数学思想给力(上)	2011—07	38.00	131
数学解题——靠数学思想给力(中)	2011—07	48.00	132
数学解题——靠数学思想给力(下)	2011—07	38.00	133
我怎样解题	2013—01	48.00	227
数学解题中的物理方法	2011—06	28.00	114
数学解题的特殊方法	2011—06	48.00	115
中学数学计算技巧(第2版)	2020—10	48.00	1220
中学数学证明方法	2012—01	58.00	117
数学趣题巧解	2012—03	28.00	128
高中数学教学通鉴	2015—05	58.00	479
和高中生漫谈:数学与哲学的故事	2014—08	28.00	369
算术问题集	2017—03	38.00	789
张教授讲数学	2018—07	38.00	933
陈永明实话实说数学教学	2020—04	68.00	1132
中学数学学科知识与教学能力	2020—06	58.00	1155
怎样把课讲好:大罕数学教学随笔	2022—03	58.00	1484
中国高考评价体系下高考数学探秘	2022—03	48.00	1487
自主招生考试中的参数方程问题	2015—01	28.00	435
自主招生考试中的极坐标问题	2015—04	28.00	463
近年全国重点大学自主招生数学试题全解及研究.华约卷	2015—02	38.00	441
近年全国重点大学自主招生数学试题全解及研究.北约卷	2016—05	38.00	619
自主招生数学解证宝典	2015—09	48.00	535
中国科学技术大学创新班数学真题解析	2022—03	48.00	1488
中国科学技术大学创新班物理真题解析	2022—03	58.00	1489
格点和面积	2012—07	18.00	191
射影几何趣谈	2012—04	28.00	175
斯潘纳尔引理——从一道加拿大数学奥林匹克试题谈起	2014—01	28.00	228
李普希兹条件——从几道近年高考数学试题谈起	2012—10	18.00	221
拉格朗日中值定理——从一道北京高考试题的解法谈起	2015—10	18.00	197
闵科夫斯基定理——从一道清华大学自主招生试题谈起	2014—01	28.00	198
哈尔测度——从一道冬令营试题的背景谈起	2012—08	28.00	202
切比雪夫逼近问题——从一道中国台北数学奥林匹克试题谈起	2013—04	38.00	238
伯恩斯坦多项式与贝齐尔曲面——从一道全国高中数学联赛试题谈起	2013—03	38.00	236
卡塔兰猜想——从一道普特南竞赛试题谈起	2013—06	18.00	256
麦卡锡函数和阿克曼函数——从一道前南斯拉夫数学奥林匹克试题谈起	2012—08	18.00	201
贝蒂定理与拉姆斯克莫尔定理——从一个拣石子游戏谈起	2012—08	18.00	217
皮亚诺曲线和豪斯道夫分球定理——从无限谈起	2012—08	18.00	211
平面凸图形与凸多面体	2012—10	28.00	218
斯坦因豪斯问题——从一道二十五省市自治区中学数学竞赛试题谈起	2012—07	18.00	196

刘培杰数学工作室
已出版(即将出版)图书目录——初等数学

书　名	出版时间	定　价	编号
纽结理论中的亚历山大多项式与琼斯多项式——从一道北京市高一数学竞赛试题谈起	2012－07	28.00	195
原则与策略——从波利亚"解题表"谈起	2013－04	38.00	244
转化与化归——从三大尺规作图不能问题谈起	2012－08	28.00	214
代数几何中的贝祖定理(第一版)——从一道IMO试题的解法谈起	2013－08	18.00	193
成功连贯理论与约当块理论——从一道比利时数学竞赛试题谈起	2012－04	18.00	180
素数判定与大数分解	2014－08	18.00	199
置换多项式及其应用	2012－10	18.00	220
椭圆函数与模函数——从一道美国加州大学洛杉矶分校(UCLA)博士资格考题谈起	2012－10	28.00	219
差分方程的拉格朗日方法——从一道2011年全国高考理科试题的解法谈起	2012－08	28.00	200
力学在几何中的一些应用	2013－01	38.00	240
从根式解到伽罗华理论	2020－01	48.00	1121
康托洛维奇不等式——从一道全国高中联赛试题谈起	2013－03	28.00	337
西格尔引理——从一道第18届IMO试题的解法谈起	即将出版		
罗斯定理——从一道前苏联数学竞赛试题谈起	即将出版		
拉克斯定理和阿廷定理——从一道IMO试题的解法谈起	2014－01	58.00	246
毕卡大定理——从一道美国大学数学竞赛试题谈起	2014－07	18.00	350
贝齐尔曲线——从一道全国高中联赛试题谈起	即将出版		
拉格朗日乘子定理——从一道2005年全国高中联赛试题的高等数学解法谈起	2015－05	28.00	480
雅可比定理——从一道日本数学奥林匹克试题谈起	2013－04	48.00	249
李天岩－约克定理——从一道波兰数学竞赛试题谈起	2014－06	28.00	349
整系数多项式因式分解的一般方法——从克朗耐克算法谈起	即将出版		
布劳维不动点定理——从一道前苏联数学奥林匹克试题谈起	2014－01	38.00	273
伯恩赛德定理——从一道英国数学奥林匹克试题谈起	即将出版		
布查特－莫斯特定理——从一道上海市初中竞赛试题谈起	即将出版		
数论中的同余数问题——从一道普林南竞赛试题谈起	即将出版		
范·德蒙行列式——从一道美国数学奥林匹克试题谈起	即将出版		
中国剩余定理:总数法构建中国历史年表	2015－01	28.00	430
牛顿程序与方程求根——从一道全国高考试题解法谈起	即将出版		
库默尔定理——从一道IMO预选试题谈起	即将出版		
卢丁定理——从一道冬令营试题的解法谈起	即将出版		
沃斯滕霍姆定理——从一道IMO预选试题谈起	即将出版		
卡尔松不等式——从一道莫斯科数学奥林匹克试题谈起	即将出版		
信息论中的香农熵——从一道近年高考压轴题谈起	即将出版		
约当不等式——从一道希望杯竞赛试题谈起	即将出版		
拉比诺维奇定理	即将出版		
刘维尔定理——从一道《美国数学月刊》征解问题的解法谈起	即将出版		
卡塔兰恒等式与级数求和——从一道IMO试题的解法谈起	即将出版		
勒让德猜想与素数分布——从一道爱尔兰竞赛试题谈起	即将出版		
天平称重与信息论——从一道基辅市数学奥林匹克试题谈起	即将出版		
哈密顿－凯莱定理:从一道高中数学联赛试题的解法谈起	2014－09	18.00	376
艾思特曼定理——从一道CMO试题的解法谈起	即将出版		

刘培杰数学工作室
已出版(即将出版)图书目录——初等数学

书　名	出版时间	定　价	编号
阿贝尔恒等式与经典不等式及应用	2018－06	98.00	923
迪利克雷除数问题	2018－07	48.00	930
幻方、幻立方与拉丁方	2019－08	48.00	1092
帕斯卡三角形	2014－03	18.00	294
蒲丰投针问题——从2009年清华大学的一道自主招生试题谈起	2014－01	38.00	295
斯图姆定理——从一道"华约"自主招生试题的解法谈起	2014－01	18.00	296
许瓦兹引理——从一道加利福尼亚大学伯克利分校数学系博士生试题谈起	2014－08	18.00	297
拉姆塞定理——从王诗宬院士的一个问题谈起	2016－04	48.00	299
坐标法	2013－12	28.00	332
数论三角形	2014－04	38.00	341
毕克定理	2014－07	18.00	352
数林掠影	2014－09	48.00	389
我们周围的概率	2014－10	38.00	390
凸函数最值定理:从一道华约自主招生题的解法谈起	2014－10	28.00	391
易学与数学奥林匹克	2014－10	38.00	392
生物数学趣谈	2015－01	18.00	409
反演	2015－01	28.00	420
因式分解与圆锥曲线	2015－01	18.00	426
轨迹	2015－01	28.00	427
面积原理:从常庚哲命的一道CMO试题的积分解法谈起	2015－01	48.00	431
形形色色的不动点定理:从一道28届IMO试题谈起	2015－01	38.00	439
柯西函数方程:从一道上海交大自主招生的试题谈起	2015－02	28.00	440
三角恒等式	2015－02	28.00	442
无理性判定:从一道2014年"北约"自主招生试题谈起	2015－01	38.00	443
数学归纳法	2015－03	18.00	451
极端原理与解题	2015－04	28.00	464
法雷级数	2014－08	18.00	367
摆线族	2015－01	38.00	438
函数方程及其解法	2015－05	38.00	470
含参数的方程和不等式	2012－09	28.00	213
希尔伯特第十问题	2016－01	38.00	543
无穷小量的求和	2016－01	28.00	545
切比雪夫多项式:从一道清华大学金秋营试题谈起	2016－01	38.00	583
泽肯多夫定理	2016－03	38.00	599
代数等式证题法	2016－01	28.00	600
三角等式证题法	2016－01	28.00	601
吴大任教授藏书中的一个因式分解公式:从一道美国数学邀请赛试题的解法谈起	2016－06	28.00	656
易卦——类万物的数学模型	2017－08	68.00	838
"不可思议"的数与数系可持续发展	2018－01	38.00	878
最短线	2018－01	38.00	879
幻方和魔方(第一卷)	2012－05	68.00	173
尘封的经典——初等数学经典文献选读(第一卷)	2012－07	48.00	205
尘封的经典——初等数学经典文献选读(第二卷)	2012－07	38.00	206
初级方程式论	2011－03	28.00	106
初等数学研究(Ⅰ)	2008－09	68.00	37
初等数学研究(Ⅱ)(上、下)	2009－05	118.00	46,47
初等数学专题研究	2022－10	68.00	1568

刘培杰数学工作室
已出版(即将出版)图书目录——初等数学

书 名	出版时间	定 价	编号
趣味初等方程妙题集锦	2014-09	48.00	388
趣味初等数论选美与欣赏	2015-02	48.00	445
耕读笔记(上卷):一位农民数学爱好者的初数探索	2015-04	28.00	459
耕读笔记(中卷):一位农民数学爱好者的初数探索	2015-05	28.00	483
耕读笔记(下卷):一位农民数学爱好者的初数探索	2015-05	28.00	484
几何不等式研究与欣赏.上卷	2016-01	88.00	547
几何不等式研究与欣赏.下卷	2016-01	48.00	552
初等数列研究与欣赏·上	2016-01	48.00	570
初等数列研究与欣赏·下	2016-01	48.00	571
趣味初等函数研究与欣赏.上	2016-09	48.00	684
趣味初等函数研究与欣赏.下	2018-09	48.00	685
三角不等式研究与欣赏	2020-10	68.00	1197
新编平面解析几何解题方法研究与欣赏	2021-10	78.00	1426
火柴游戏(第2版)	2022-05	38.00	1493
智力解谜.第1卷	2017-07	38.00	613
智力解谜.第2卷	2017-07	38.00	614
故事智力	2016-07	48.00	615
名人们喜欢的智力问题	2020-01	48.00	616
数学大师的发现、创造与失误	2018-01	48.00	617
异曲同工	2018-09	48.00	618
数学的味道	2018-01	58.00	798
数学千字文	2018-10	68.00	977
数贝偶拾——高考数学题研究	2014-04	28.00	274
数贝偶拾——初等数学研究	2014-04	38.00	275
数贝偶拾——奥数题研究	2014-04	48.00	276
钱昌本教你快乐学数学(上)	2011-12	48.00	155
钱昌本教你快乐学数学(下)	2012-03	58.00	171
集合、函数与方程	2014-01	28.00	300
数列与不等式	2014-01	38.00	301
三角与平面向量	2014-01	28.00	302
平面解析几何	2014-01	38.00	303
立体几何与组合	2014-01	28.00	304
极限与导数、数学归纳法	2014-01	38.00	305
趣味数学	2014-03	28.00	306
教材教法	2014-04	68.00	307
自主招生	2014-05	58.00	308
高考压轴题(上)	2015-01	48.00	309
高考压轴题(下)	2014-10	68.00	310
从费马到怀尔斯——费马大定理的历史	2013-10	198.00	I
从庞加莱到佩雷尔曼——庞加莱猜想的历史	2013-10	298.00	II
从切比雪夫到爱尔特希(上)——素数定理的初等证明	2013-07	48.00	III
从切比雪夫到爱尔特希(下)——素数定理100年	2012-12	98.00	III
从高斯到盖尔方特——二次域的高斯猜想	2013-10	198.00	IV
从库默尔到朗兰兹——朗兰兹猜想的历史	2014-01	98.00	V
从比勃巴赫到德布朗斯——比勃巴赫猜想的历史	2014-02	298.00	VI
从麦比乌斯到陈省身——麦比乌斯变换与麦比乌斯带	2014-02	298.00	VII
从布尔到豪斯道夫——布尔方程与格论漫谈	2013-10	198.00	VIII
从开普勒到阿诺德——三体问题的历史	2014-05	298.00	IX
从华林到华罗庚——华林问题的历史	2013-10	298.00	X

刘培杰数学工作室
已出版(即将出版)图书目录——初等数学

书　名	出版时间	定　价	编号
美国高中数学竞赛五十讲.第1卷(英文)	2014—08	28.00	357
美国高中数学竞赛五十讲.第2卷(英文)	2014—08	28.00	358
美国高中数学竞赛五十讲.第3卷(英文)	2014—09	28.00	359
美国高中数学竞赛五十讲.第4卷(英文)	2014—09	28.00	360
美国高中数学竞赛五十讲.第5卷(英文)	2014—10	28.00	361
美国高中数学竞赛五十讲.第6卷(英文)	2014—11	28.00	362
美国高中数学竞赛五十讲.第7卷(英文)	2014—12	28.00	363
美国高中数学竞赛五十讲.第8卷(英文)	2015—01	28.00	364
美国高中数学竞赛五十讲.第9卷(英文)	2015—01	28.00	365
美国高中数学竞赛五十讲.第10卷(英文)	2015—02	38.00	366
三角函数(第2版)	2017—04	38.00	626
不等式	2014—01	38.00	312
数列	2014—01	38.00	313
方程(第2版)	2017—04	38.00	624
排列和组合	2014—01	28.00	315
极限与导数(第2版)	2016—04	38.00	635
向量(第2版)	2018—08	58.00	627
复数及其应用	2014—08	28.00	318
函数	2014—01	38.00	319
集合	2020—01	48.00	320
直线与平面	2014—01	28.00	321
立体几何(第2版)	2016—04	38.00	629
解三角形	即将出版		323
直线与圆(第2版)	2016—11	38.00	631
圆锥曲线(第2版)	2016—09	48.00	632
解题通法(一)	2014—07	38.00	326
解题通法(二)	2014—07	38.00	327
解题通法(三)	2014—05	38.00	328
概率与统计	2014—01	28.00	329
信息迁移与算法	即将出版		330
IMO 50 年.第1卷(1959—1963)	2014—11	28.00	377
IMO 50 年.第2卷(1964—1968)	2014—11	28.00	378
IMO 50 年.第3卷(1969—1973)	2014—09	28.00	379
IMO 50 年.第4卷(1974—1978)	2016—04	38.00	380
IMO 50 年.第5卷(1979—1984)	2015—04	38.00	381
IMO 50 年.第6卷(1985—1989)	2015—04	58.00	382
IMO 50 年.第7卷(1990—1994)	2016—01	48.00	383
IMO 50 年.第8卷(1995—1999)	2016—06	38.00	384
IMO 50 年.第9卷(2000—2004)	2015—04	58.00	385
IMO 50 年.第10卷(2005—2009)	2016—01	48.00	386
IMO 50 年.第11卷(2010—2015)	2017—03	48.00	646

刘培杰数学工作室
已出版(即将出版)图书目录——初等数学

书　　名	出版时间	定　价	编号
数学反思(2006—2007)	2020—09	88.00	915
数学反思(2008—2009)	2019—01	68.00	917
数学反思(2010—2011)	2018—05	58.00	916
数学反思(2012—2013)	2019—01	58.00	918
数学反思(2014—2015)	2019—03	78.00	919
数学反思(2016—2017)	2021—03	58.00	1286
历届美国大学生数学竞赛试题集.第一卷(1938—1949)	2015—01	28.00	397
历届美国大学生数学竞赛试题集.第二卷(1950—1959)	2015—01	28.00	398
历届美国大学生数学竞赛试题集.第三卷(1960—1969)	2015—01	28.00	399
历届美国大学生数学竞赛试题集.第四卷(1970—1979)	2015—01	18.00	400
历届美国大学生数学竞赛试题集.第五卷(1980—1989)	2015—01	28.00	401
历届美国大学生数学竞赛试题集.第六卷(1990—1999)	2015—01	28.00	402
历届美国大学生数学竞赛试题集.第七卷(2000—2009)	2015—08	18.00	403
历届美国大学生数学竞赛试题集.第八卷(2010—2012)	2015—01	18.00	404
新课标高考数学创新题解题诀窍:总论	2014—09	28.00	372
新课标高考数学创新题解题诀窍:必修1~5分册	2014—08	38.00	373
新课标高考数学创新题解题诀窍:选修2—1,2—2,1—1,1—2分册	2014—09	38.00	374
新课标高考数学创新题解题诀窍:选修2—3,4—4,4—5分册	2014—09	18.00	375
全国重点大学自主招生英文数学试题全攻略:词汇卷	2015—07	48.00	410
全国重点大学自主招生英文数学试题全攻略:概念卷	2015—01	28.00	411
全国重点大学自主招生英文数学试题全攻略:文章选读卷(上)	2016—09	38.00	412
全国重点大学自主招生英文数学试题全攻略:文章选读卷(下)	2017—01	58.00	413
全国重点大学自主招生英文数学试题全攻略:试题卷	2015—07	38.00	414
全国重点大学自主招生英文数学试题全攻略:名著欣赏卷	2017—03	48.00	415
劳埃德数学趣题大全.题目卷.1:英文	2016—01	18.00	516
劳埃德数学趣题大全.题目卷.2:英文	2016—01	18.00	517
劳埃德数学趣题大全.题目卷.3:英文	2016—01	18.00	518
劳埃德数学趣题大全.题目卷.4:英文	2016—01	18.00	519
劳埃德数学趣题大全.题目卷.5:英文	2016—01	18.00	520
劳埃德数学趣题大全.答案卷:英文	2016—01	18.00	521
李成章教练奥数笔记.第1卷	2016—01	48.00	522
李成章教练奥数笔记.第2卷	2016—01	48.00	523
李成章教练奥数笔记.第3卷	2016—01	38.00	524
李成章教练奥数笔记.第4卷	2016—01	38.00	525
李成章教练奥数笔记.第5卷	2016—01	38.00	526
李成章教练奥数笔记.第6卷	2016—01	38.00	527
李成章教练奥数笔记.第7卷	2016—01	38.00	528
李成章教练奥数笔记.第8卷	2016—01	48.00	529
李成章教练奥数笔记.第9卷	2016—01	28.00	530

刘培杰数学工作室
已出版(即将出版)图书目录——初等数学

书　　名	出版时间	定　价	编号
第19～23届"希望杯"全国数学邀请赛试题审题要津详细评注(初一版)	2014—03	28.00	333
第19～23届"希望杯"全国数学邀请赛试题审题要津详细评注(初二、初三版)	2014—03	38.00	334
第19～23届"希望杯"全国数学邀请赛试题审题要津详细评注(高一版)	2014—03	28.00	335
第19～23届"希望杯"全国数学邀请赛试题审题要津详细评注(高二版)	2014—03	38.00	336
第19～25届"希望杯"全国数学邀请赛试题审题要津详细评注(初一版)	2015—01	38.00	416
第19～25届"希望杯"全国数学邀请赛试题审题要津详细评注(初二、初三版)	2015—01	58.00	417
第19～25届"希望杯"全国数学邀请赛试题审题要津详细评注(高一版)	2015—01	48.00	418
第19～25届"希望杯"全国数学邀请赛试题审题要津详细评注(高二版)	2015—01	48.00	419
物理奥林匹克竞赛大题典——力学卷	2014—11	48.00	405
物理奥林匹克竞赛大题典——热学卷	2014—04	28.00	339
物理奥林匹克竞赛大题典——电磁学卷	2015—07	48.00	406
物理奥林匹克竞赛大题典——光学与近代物理卷	2014—06	28.00	345
历届中国东南地区数学奥林匹克试题集(2004～2012)	2014—06	18.00	346
历届中国西部地区数学奥林匹克试题集(2001～2012)	2014—07	18.00	347
历届中国女子数学奥林匹克试题集(2002～2012)	2014—08	18.00	348
数学奥林匹克在中国	2014—06	98.00	344
数学奥林匹克问题集	2014—01	38.00	267
数学奥林匹克不等式散论	2010—06	38.00	124
数学奥林匹克不等式欣赏	2011—09	38.00	138
数学奥林匹克超级题库(初中卷上)	2010—01	58.00	66
数学奥林匹克不等式证明方法和技巧(上、下)	2011—08	158.00	134,135
他们学什么:原民主德国中学数学课本	2016—09	38.00	658
他们学什么:英国中学数学课本	2016—09	38.00	659
他们学什么:法国中学数学课本.1	2016—09	38.00	660
他们学什么:法国中学数学课本.2	2016—09	28.00	661
他们学什么:法国中学数学课本.3	2016—09	38.00	662
他们学什么:苏联中学数学课本	2016—09	28.00	679
高中数学题典——集合与简易逻辑·函数	2016—07	48.00	647
高中数学题典——导数	2016—07	48.00	648
高中数学题典——三角函数·平面向量	2016—07	48.00	649
高中数学题典——数列	2016—07	58.00	650
高中数学题典——不等式·推理与证明	2016—07	38.00	651
高中数学题典——立体几何	2016—07	48.00	652
高中数学题典——平面解析几何	2016—07	78.00	653
高中数学题典——计数原理·统计·概率·复数	2016—07	48.00	654
高中数学题典——算法·平面几何·初等数论·组合数学·其他	2016—07	68.00	655

刘培杰数学工作室
已出版(即将出版)图书目录——初等数学

书　　名	出 版 时 间	定　价	编号
台湾地区奥林匹克数学竞赛试题.小学一年级	2017－03	38.00	722
台湾地区奥林匹克数学竞赛试题.小学二年级	2017－03	38.00	723
台湾地区奥林匹克数学竞赛试题.小学三年级	2017－03	38.00	724
台湾地区奥林匹克数学竞赛试题.小学四年级	2017－03	38.00	725
台湾地区奥林匹克数学竞赛试题.小学五年级	2017－03	38.00	726
台湾地区奥林匹克数学竞赛试题.小学六年级	2017－03	38.00	727
台湾地区奥林匹克数学竞赛试题.初中一年级	2017－03	38.00	728
台湾地区奥林匹克数学竞赛试题.初中二年级	2017－03	38.00	729
台湾地区奥林匹克数学竞赛试题.初中三年级	2017－03	28.00	730
不等式证题法	2017－04	28.00	747
平面几何培优教程	2019－08	88.00	748
奥数鼎级培优教程.高一分册	2018－09	88.00	749
奥数鼎级培优教程.高二分册.上	2018－04	68.00	750
奥数鼎级培优教程.高二分册.下	2018－04	68.00	751
高中数学竞赛冲刺宝典	2019－04	68.00	883
初中尖子生数学超级题典.实数	2017－07	58.00	792
初中尖子生数学超级题典.式、方程与不等式	2017－08	58.00	793
初中尖子生数学超级题典.圆、面积	2017－08	38.00	794
初中尖子生数学超级题典.函数、逻辑推理	2017－08	48.00	795
初中尖子生数学超级题典.角、线段、三角形与多边形	2017－07	58.00	796
数学王子——高斯	2018－01	48.00	858
坎坷奇星——阿贝尔	2018－01	48.00	859
闪烁奇星——伽罗瓦	2018－01	58.00	860
无穷统帅——康托尔	2018－01	48.00	861
科学公主——柯瓦列夫斯卡娅	2018－01	48.00	862
抽象代数之母——埃米·诺特	2018－01	48.00	863
电脑先驱——图灵	2018－01	58.00	864
昔日神童——维纳	2018－01	48.00	865
数坛怪侠——爱尔特希	2018－01	68.00	866
传奇数学家徐利治	2019－09	88.00	1110
当代世界中的数学.数学思想与数学基础	2019－01	38.00	892
当代世界中的数学.数学问题	2019－01	38.00	893
当代世界中的数学.应用数学与数学应用	2019－01	38.00	894
当代世界中的数学.数学王国的新疆域(一)	2019－01	38.00	895
当代世界中的数学.数学王国的新疆域(二)	2019－01	38.00	896
当代世界中的数学.数林撷英(一)	2019－01	38.00	897
当代世界中的数学.数林撷英(二)	2019－01	48.00	898
当代世界中的数学.数学之路	2019－01	38.00	899

刘培杰数学工作室
已出版(即将出版)图书目录——初等数学

书　名	出版时间	定　价	编号
105 个代数问题:来自 AwesomeMath 夏季课程	2019－02	58.00	956
106 个几何问题:来自 AwesomeMath 夏季课程	2020－07	58.00	957
107 个几何问题:来自 AwesomeMath 全年课程	2020－07	58.00	958
108 个代数问题:来自 AwesomeMath 全年课程	2019－01	68.00	959
109 个不等式:来自 AwesomeMath 夏季课程	2019－04	58.00	960
国际数学奥林匹克中的 110 个几何问题	即将出版		961
111 个代数和数论问题	2019－05	58.00	962
112 个组合问题:来自 AwesomeMath 夏季课程	2019－05	58.00	963
113 个几何不等式:来自 AwesomeMath 夏季课程	2020－08	58.00	964
114 个指数和对数问题:来自 AwesomeMath 夏季课程	2019－09	48.00	965
115 个三角问题:来自 AwesomeMath 夏季课程	2019－09	58.00	966
116 个代数不等式:来自 AwesomeMath 全年课程	2019－04	58.00	967
117 个多项式问题:来自 AwesomeMath 夏季课程	2021－09	58.00	1409
118 个数学竞赛不等式	2022－08	78.00	1526
紫色彗星国际数学竞赛试题	2019－02	58.00	999
数学竞赛中的数学:为数学爱好者、父母、教师和教练准备的丰富资源.第一部	2020－04	58.00	1141
数学竞赛中的数学:为数学爱好者、父母、教师和教练准备的丰富资源.第二部	2020－07	48.00	1142
和与积	2020－10	38.00	1219
数论:概念和问题	2020－12	68.00	1257
初等数学问题研究	2021－03	48.00	1270
数学奥林匹克中的欧几里得几何	2021－10	68.00	1413
数学奥林匹克题解新编	2022－01	58.00	1430
图论入门	2022－09	58.00	1554
澳大利亚中学数学竞赛试题及解答(初级卷)1978～1984	2019－02	28.00	1002
澳大利亚中学数学竞赛试题及解答(初级卷)1985～1991	2019－02	28.00	1003
澳大利亚中学数学竞赛试题及解答(初级卷)1992～1998	2019－02	28.00	1004
澳大利亚中学数学竞赛试题及解答(初级卷)1999～2005	2019－02	28.00	1005
澳大利亚中学数学竞赛试题及解答(中级卷)1978～1984	2019－03	28.00	1006
澳大利亚中学数学竞赛试题及解答(中级卷)1985～1991	2019－03	28.00	1007
澳大利亚中学数学竞赛试题及解答(中级卷)1992～1998	2019－03	28.00	1008
澳大利亚中学数学竞赛试题及解答(中级卷)1999～2005	2019－03	28.00	1009
澳大利亚中学数学竞赛试题及解答(高级卷)1978～1984	2019－05	28.00	1010
澳大利亚中学数学竞赛试题及解答(高级卷)1985～1991	2019－05	28.00	1011
澳大利亚中学数学竞赛试题及解答(高级卷)1992～1998	2019－05	28.00	1012
澳大利亚中学数学竞赛试题及解答(高级卷)1999～2005	2019－05	28.00	1013
天才中小学生智力测验题.第一卷	2019－03	38.00	1026
天才中小学生智力测验题.第二卷	2019－03	38.00	1027
天才中小学生智力测验题.第三卷	2019－03	38.00	1028
天才中小学生智力测验题.第四卷	2019－03	38.00	1029
天才中小学生智力测验题.第五卷	2019－03	38.00	1030
天才中小学生智力测验题.第六卷	2019－03	38.00	1031
天才中小学生智力测验题.第七卷	2019－03	38.00	1032
天才中小学生智力测验题.第八卷	2019－03	38.00	1033
天才中小学生智力测验题.第九卷	2019－03	38.00	1034
天才中小学生智力测验题.第十卷	2019－03	38.00	1035
天才中小学生智力测验题.第十一卷	2019－03	38.00	1036
天才中小学生智力测验题.第十二卷	2019－03	38.00	1037
天才中小学生智力测验题.第十三卷	2019－03	38.00	1038

刘培杰数学工作室
已出版(即将出版)图书目录——初等数学

书　名	出版时间	定　价	编号
重点大学自主招生数学备考全书:函数	2020－05	48.00	1047
重点大学自主招生数学备考全书:导数	2020－08	48.00	1048
重点大学自主招生数学备考全书:数列与不等式	2019－10	78.00	1049
重点大学自主招生数学备考全书:三角函数与平面向量	2020－08	68.00	1050
重点大学自主招生数学备考全书:平面解析几何	2020－07	58.00	1051
重点大学自主招生数学备考全书:立体几何与平面几何	2019－08	48.00	1052
重点大学自主招生数学备考全书:排列组合·概率统计·复数	2019－09	48.00	1053
重点大学自主招生数学备考全书:初等数论与组合数学	2019－08	48.00	1054
重点大学自主招生数学备考全书:重点大学自主招生真题.上	2019－04	68.00	1055
重点大学自主招生数学备考全书:重点大学自主招生真题.下	2019－04	58.00	1056
高中数学竞赛培训教程:平面几何问题的求解方法与策略.上	2018－05	68.00	906
高中数学竞赛培训教程:平面几何问题的求解方法与策略.下	2018－06	78.00	907
高中数学竞赛培训教程:整除与同余以及不定方程	2018－01	88.00	908
高中数学竞赛培训教程:组合计数与组合极值	2018－04	48.00	909
高中数学竞赛培训教程:初等代数	2019－04	78.00	1042
高中数学讲座:数学竞赛基础教程(第一册)	2019－06	48.00	1094
高中数学讲座:数学竞赛基础教程(第二册)	即将出版		1095
高中数学讲座:数学竞赛基础教程(第三册)	即将出版		1096
高中数学讲座:数学竞赛基础教程(第四册)	即将出版		1097
新编中学数学解题方法1000招丛书.实数(初中版)	2022－05	58.00	1291
新编中学数学解题方法1000招丛书.式(初中版)	2022－05	48.00	1292
新编中学数学解题方法1000招丛书.方程与不等式(初中版)	2021－04	58.00	1293
新编中学数学解题方法1000招丛书.函数(初中版)	2022－05	38.00	1294
新编中学数学解题方法1000招丛书.角(初中版)	2022－05	48.00	1295
新编中学数学解题方法1000招丛书.线段(初中版)	2022－05	48.00	1296
新编中学数学解题方法1000招丛书.三角形与多边形(初中版)	2021－04	48.00	1297
新编中学数学解题方法1000招丛书.圆(初中版)	2022－05	48.00	1298
新编中学数学解题方法1000招丛书.面积(初中版)	2021－07	28.00	1299
新编中学数学解题方法1000招丛书.逻辑推理(初中版)	2022－06	48.00	1300
高中数学题典精编.第一辑.函数	2022－01	58.00	1444
高中数学题典精编.第一辑.导数	2022－01	68.00	1445
高中数学题典精编.第一辑.三角函数·平面向量	2022－01	68.00	1446
高中数学题典精编.第一辑.数列	2022－01	58.00	1447
高中数学题典精编.第一辑.不等式·推理与证明	2022－01	58.00	1448
高中数学题典精编.第一辑.立体几何	2022－01	58.00	1449
高中数学题典精编.第一辑.平面解析几何	2022－01	68.00	1450
高中数学题典精编.第一辑.统计·概率·平面几何	2022－01	58.00	1451
高中数学题典精编.第一辑.初等数论·组合数学·数学文化·解题方法	2022－01	58.00	1452
历届全国初中数学竞赛试题分类解析.初等代数	2022－09	98.00	1555
历届全国初中数学竞赛试题分类解析.初等数论	2022－09	48.00	1556
历届全国初中数学竞赛试题分类解析.平面几何	2022－09	38.00	1557
历届全国初中数学竞赛试题分类解析.组合	2022－09	38.00	1558

联系地址:哈尔滨市南岗区复华四道街10号　哈尔滨工业大学出版社刘培杰数学工作室
网　　址:http://lpj.hit.edu.cn/
邮　　编:150006
联系电话:0451－86281378　　13904613167
E-mail:lpj1378@163.com